JEC-2441-2012

電気学会　電気規格調査会標準規格

自励変換装置の能動連系

緒　　言

1. 制定の経緯と要旨

　この規格は，系統に連系してPWM制御された電圧形自励半導体交直変換装置において，順および逆変換を行って電力を制御するとともに無効電力および高調波の制御を行う能動連系について規定したものである。半導体電力変換装置標準特別委員会において2010年7月に制定作業に着手し，慎重審議の結果，2012年6月に成案を得て，2012年10月4日に電気規格調査会規格委員総会の承認を経て制定された。

　この規格は，IEC/TS 62578 Ed.1.0 Power electronics systems and equipment-Operation conditions and characteristics of active infeed converter applications が発行されたことに対応して制定したものである。IEC/TS 62578 Ed.1.0 は，技術仕様書であるが，その内容は各種の能動連系変換装置について説明しているだけで，規格としての規定は記載されていない。この規格は，能動連系機能について着目し，独自のJEC規格として制定したものである。なお，IEC/TS 62578 Ed.1.0 は，タイトルを Power electronics systems and equipment - Operation conditions and characteristics of active infeed converter applications including recommendations for emission limits below 150 kHz に変えて，150 kHz未満の周波数成分のエミッション限度値の推奨値を規定することで Ed. 2.0 の作成を進めており，この規格とは異なる視点で改正が進められている。

　能動連系は，系統に連系して電力を供給する分散形電源系統連系用電力変換装置だけでなく，交流系統から電力が供給される無停電電源システム，可変速駆動システムなど，多くの自励交直変換装置で行われている。この規格は，電圧形変換装置を対象として能動連系について次の事項を規定した。特に能動連系機能を活用した自励無効電力補償装置，自励フリッカ抑制装置およびアクティブフィルタについては，それらに特有の事項を規定および解説した。

　この規格の概略の内容は，次のとおりである。

(1) 能動連系に関連する各種用語。
(2) 能動連系の基本的な原理および特性。
(3) 電圧形2レベル，3レベルPWM変換装置などによる能動連系。
(4) 自励無効電力補償装置，自励フリッカ抑制装置およびアクティブフィルタについての試験方法などの規定。
(5) 電流形変換装置など，IEC/TS 62578では記載しているが，この規格には規定しなかった各種能動連系変換装置に関する解説。
(6) 制御方式，高調波など，能動連系変換装置に関連する各種事項に関する解説。

2. 対応国際規格

対応国際規格は，ない。関連する技術仕様書として次がある。ただし，この規格とは一部しか対応していない。

　　IEC/TS 62578 Ed.1.0（2009）Power electronics systems and equipment - Operation conditions and characteristics of active infeed converter applications

3. 引用規格

本規格制定にあたり引用した，または参考にした規格類は次のとおりである。

(1) JEC-2410-2010　　　　　半導体電力変換装置
(2) JEC-2433-2003　　　　　無停電電源システム
(3) JEC-2440-2005　　　　　自励半導体電力変換装置
(4) JEC-2453-2008　　　　　高電圧交流可変速駆動システム
(5) JEC-2470-2005　　　　　分散形電源系統連系用電力変換装置
(6) JIS C 4431：2012　　　　パワーエレクトロニクス装置－電磁両立性（EMC）要求事項及び試験方法
(7) JIS C 60050-551：2005　 電気技術用語－第551部：パワーエレクトロニクス
(8) JIS C 61000-3-2：2011　 電磁両立性－第3-2部：限度値－高調波電流発生限度値（1相当たりの入力電流が20 A以下の機器）
(9) IEC 61800-5-1 Ed.2.0（2007）　Adjustable speed electrical power drive systems - Part 5-1：Safety requirements - Electrical, thermal and energy
(10) IEC 62040-1 Ed.1.0（2008）　Uninterruptible power systems（UPS）- Part 1：General and safety requirements for UPS
(11) IEC 62477-1 Ed.1.0（2012）　Safety requirements for power electronic converter systems and equipment - Part 1：General
(12) JEAC 9701-2010　　　　系統連系規程
(13) JEAG 9702-1995　　　　高調波抑制対策技術指針
(14) 電力品質確保に係る系統連系技術要件ガイドライン　資源エネルギー庁　平成16年10月制定
(15) 高圧又は特別高圧で受電する需要家の高調波抑制対策ガイドライン　原子力安全・保安院　平成16年1月制定

4. 標準化委員会および標準特別委員会

　　　　　　　　　標準特別委員会名：半導体電力変換装置標準特別委員会

委 員 長	地福　順人		委　　員	境　武久	（電源開発）
幹　　事	古関庄一郎	（日立製作所）	同	林　洋一	（青山学院大学）
委　　員	東　　聖	（三菱電機）	同	林屋　均	（東日本旅客鉄道）
同	阿部　倫也	（日本電機工業会）	同	前川　俊浩	（東京電力）
同	井村　肇	（関西電力）	途中退任委員	井上　博史	（日本電機工業会）
同	金子　貴之	（富士電機）	同	佐藤　正	（関西電力）
同	唐鎌　敏夫	（明電舎）	同	藤本　貴文	（東芝三菱電気産業システム）
同	金　宏信	（東芝三菱電気産業システム）	同	谷津　誠	（富士電機）

標準化委員会名：パワーエレクトロニクス標準化委員会

委 員 長	林	洋一	（青山学院大学）	委 員	守随	治道	（京三製作所）
幹 事	唐鎌	敏夫	（明電舎）	同	竹内	南	（SC47E/WG3国内小委員会）
同	古関庄一郎		（日立製作所）	同	田辺	茂	（津山工業高等専門学校）
同	佐藤	芳信	（富士電機）	同	地福	順人	
委 員	青木	忠一	（NTTファシリティーズ）	同	二宮	保	（長崎大学）
同	赤木	泰文	（東京工業大学）	同	根本	健一	（新電元工業）
同	浅野	勝則	（関西電力）	同	野崎	芳隆	（東京電力）
同	阿部	倫也	（日本電機工業会）	同	馬場﨑忠利		（日本電信電話）
同	石本	孔律	（GSユアサ）	同	林屋	均	（東日本旅客鉄道）
同	伊藤	篤志	（東京急行電鉄）	同	平尾	敬幸	（富士電機）
同	井山	治	（サンケン電気）	同	深尾	正	
同	奥井	明伸	（鉄道総合技術研究所）	同	藤本	久	（富士電機）
同	河村	篤男	（横浜国立大学）	同	松岡	孝一	（東 芝）
同	金	東海	（工学教育研究所）	同	松瀬	貢規	（明治大学）
同	栗尾	信広	（日新電機）	同	森	治義	（三菱電機）
同	坂井	一夫	（オリジン電気）	同	吉野	輝雄	（東芝三菱電気産業システム）
同	境	武久	（電源開発）	同	四元	勝一	
同	佐竹	彰	（三菱電機）	途中退任委員	木暮	隆雄	（東京急行電鉄）
同	佐藤	之彦	（千葉大学）				

5. 部　会

部会名：パワーエレクトロニクス部会

部 会 長	林	洋一	（青山学院大学）	委 員	佐竹	彰	（三菱電機）
副部会長	古関庄一郎		（日立製作所）	同	竹内	南	（SC47E/WG3国内小委員会）
幹 事	唐鎌	敏夫	（明電舎）	同	田辺	茂	（津山工業高等専門学校）
同	佐藤	芳信	（富士電機）	同	地福	順人	
委 員	青木	忠一	（NTTファシリティーズ）	同	二宮	保	（長崎大学）
同	赤木	泰文	（東京工業大学）	同	林屋	均	（東日本旅客鉄道）
同	阿部	倫也	（日本電機工業会）	同	松瀬	貢規	（明治大学）
同	境	武久	（電源開発）	同	吉野	輝雄	（東芝三菱電気産業システム）

6. 電気規格調査会

会 長	松村	基史	（富士電機）	理 事	栗原	郁夫	（学会研究調査理事）
副会長	大木	義路	（早稲田大学）	同	古関庄一郎		（日立製作所）
同	塩原	亮一	（日立製作所）	同	坂元	耕三	（経済産業省）
理 事	井村	肇	（関西電力）	同	佐久間	進	（ビスキャス）
同	岩本	佐利	（日本電機工業会）	同	佐藤	信利	（明電舎）
同	大石	祐司	（東京電力）	同	島田	敏男	（学会専務理事）

理　　事	土井　美和子	（学会研究調査担当副会長）		2号委員	原田　真昭	（日本電線工業会）
同	萩森　英一	（元　中央大学）		同	牧野　政雄	（日本電気協会）
同	林　洋一	（青山学院大学）		3号委員	小田　哲治	（電気専門用語）
同	藤井　治	（日本ガイシ）		同	橋本　昭憲	（電力量計）
同	藤波　秀雄	（電力中央研究所）		同	佐藤　賢	（計器用変成器）
同	三木　一郎	（明治大学）		同	小屋敷　辰次	（電力用通信）
同	八木　裕治郎	（富士電機）		同	小山　博史	（計測安全）
同	山野　芳昭	（千葉大学）		同	小見山　耕司	（電磁計測）
同	山本　俊二	（三菱電機）		同	臼井　正司	（保護リレー装置）
同	横山　孝幸	（東　芝）		同	合田　忠弘	（スマートグリッドユーザインタフェース）
同	和田　敏朗	（電源開発）		同	澤　孝一郎	（回転機）
2号委員	奥村　浩士	（京都大学）		同	白坂　行康	（電力用変圧器）
同	斎藤　浩海	（東北大学）		同	松村　年郎	（開閉装置）
同	鈴木　勝行	（日本大学）		同	河本　康太郎	（産業用電気加熱）
同	湯本　雅恵	（東京都市大学）		同	村岡　隆	（電力用コンデンサ）
同	大和田野　芳郎	（産業技術総合研究所）		同	石崎　義弘	（避雷器）
同	権藤　宗高	（国土交通省）		同	林　洋一	（パワーエレクトロニクス）
同	板橋　正明	（北海道電力）		同	廣瀬　圭一	（安定化電源）
同	田苗　博	（東北電力）		同	田辺　茂	（送配電用パワーエレクトロニクス）
同	堂谷　芳範	（北陸電力）		同	赤木　泰文	（可変速駆動システム）
同	松浦　昌則	（中部電力）		同	二宮　保	（無停電電源システム）
同	木村　鉄一	（中国電力）		同	和田　俊朗	（水　車）
同	横井　郁夫	（四国電力）		同	和田　俊朗	（海洋エネルギー変換器）
同	今村　義人	（九州電力）		同	日髙　邦彦	（UHV 国際）
同	市村　泰規	（日本原子力発電）		同	横山　明彦	（標準電圧）
同	江川　健太郎	（日本電設工業）		同	坂本　雄吉	（架空送電線路）
同	橘高　博之	（新日鉄住金）		同	日髙　邦彦	（絶縁協調）
同	黒岩　雅夫	（東日本旅客鉄道）		同	高須　和彦	（がいし）
同	東濱　忠良	（東京地下鉄）		同	池田　久利	（高電圧試験方法）
同	青木　務	（日新電機）		同	小林　昭夫	（短絡電流）
同	小黒　龍一	（上野精機）		同	高岡　成典	（活線作業用工具・設備）
同	片貝　昭史	（ジェイ・パワーシステムズ）		同	境　武久	（高電圧直流送電システム）
同	重年　生雄	（フジクラ）		同	大木　義路	（電気材料）
同	筒井　幸雄	（安川電機）		同	佐久間　進	（電線・ケーブル）
同	加曽利　久夫	（日本電気計器検定所）		同	渋谷　昇	（電磁両立性）
同	瀧田　誠治	（日本電気計測器工業会）		同	多氣　昌生	（人体ばく露に関する電界，磁界及び電磁界の評価方法）
同	武内　徹二	（日本電球工業会）				

JEC-2441-2012

電気学会　電気規格調査会標準規格

自励変換装置の能動連系

目　　次

1. 適　用　範　囲 ··· 7
2. 用　語　の　意　味 ·· 7
   2.1 能動連系［機能］，アクティブインフィード ·· 7
   2.2 能動連系変換装置 ·· 7
   2.3 附属機器，附属装置 ··· 9
   2.4 制御方式 ·· 9
   2.5 一般事項 ·· 11
   2.6 定格条項 ·· 12
   2.7 電源系統 ·· 12
   2.8 電磁両立性 ··· 13
3. 能動連系変換装置の基本特性 ··· 13
   3.1 基本変換接続および動作原理 ·· 13
   3.2 AIC の定格 ··· 18
   3.3 EMC ··· 19
4. 能動連系変換装置の構成 ·· 20
   4.1 電圧形 2 レベル PWM AIC ·· 20
   4.2 電圧形 3 レベル PWM AIC ·· 26
   4.3 多重接続 ·· 30
5. 各種能動連系変換装置 ··· 32
   5.1 自励無効電力補償装置 ·· 32
   5.2 自励フリッカ抑制装置 ·· 34
   5.3 アクティブフィルタ ··· 35
6. 使　用　状　態 ··· 38
   6.1 使用環境 ·· 38
   6.2 電磁環境 ·· 38
   6.3 系統連系 ·· 38
   6.4 高調波 ··· 39

6.5	高周波電磁両立性	39
6.6	安　　全	39
7.	**試　　　　験**	**39**
7.1	一　　般	39
7.2	能動連系に関する試験	39
7.3	自励無効電力補償装置	40
7.4	自励フリッカ抑制装置	40
7.5	アクティブフィルタ	40
7.6	その他	40
8.	**表　　　　示**	**41**
8.1	一般事項	41
8.2	仕様事項	41
8.3	必要によって記載する事項	42
附　属　書		**43**
1.	照会または注文の際に指定することが望ましい事項	43
解　　　　説		**45**
1.	能動連系変換装置	45
2.	電圧形 F3E 変換装置	46
3.	パルスチョッパ形 PWM 変換装置	47
4.	電流形 PWM 自励変換装置	49
5.	マトリクスコンバータ	52
6.	その他のマルチレベル変換装置	54
7.	空間ベクトルおよび空間ベクトル変調制御	57
8.	磁束ガイダンス制御	62
9.	スライディングモード制御	65
10.	変換器が発生する高調波電圧	68
11.	AIC が発生する高調波およびその対策	74
12.	AIC による高調波の制御	77
13.	デッドタイムの影響および補償	82
14.	各種補償装置と空間ベクトル	83
15.	この規格と **IEC/TS 62578** との違い	85

JEC-2441-2012

電気学会　電気規格調査会標準規格

自励変換装置の能動連系

1. 適 用 範 囲

　能動連系とは，交流系統に連系して有効電力および無効電力を双方向に変換・制御するとともに高調波を抑制する自励半導体交直変換装置の機能である（**2.1** 参照）。この規格は，電圧形 PWM 変換装置の能動連系に対して適用する[解説1]。

　電流形 PWM 変換装置，マトリクスコンバータなどにおいても能動連系が可能であり，矛盾を生じない限りそれらの変換装置を用いた能動連系に対しても適用できる。

　また，能動連系機能を活用した能動連系変換装置（**2.2.1** 参照）である製品のうち，自励無効電力補償装置，自励フリッカ抑制装置および電力用アクティブフィルタに対しては，JEC-2440 に補足して適用できる。

2. 用 語[1] の 意 味

注(1)　用語中の [ ] 内は, 使用上誤解を生じない限り省略してもよい。複数の用語がある場合は, 優先順に記載した。

2.1　能動連系 ［機能］，アクティブインフィード（active infeed）

　交流系統に連系して直流側との間で有効電力の交直変換[2]を双方向に行う[3]とともに，無効電力または力率を制御し，さらに，交流側の高調波は指定の限度値内にある[4]，自励半導体交直変換装置の機能。

注(2)　マトリクスコンバータのように交流変換を行う場合も能動連系が可能な場合がある。その場合，能動連系機能は系統側の交流に対して動作する。
　(3)　機能として有効電力を双方向に変換が可能ということであって，用途によっては一方向だけにしか変換しない場合もある。有効電力の変換は実質的に行わず，無効電力および高調波の両方またはいずれか一方しか制御しない場合もある。
　(4)　変換装置自体からの高調波が限度値内にある以外に，交流系統に接続されたほかの機器から発生した高調波を相殺して全体で限度値内に抑制する場合も含む。

2.2　能動連系変換装置

2.2.1　AIC, 能動連系変換装置, アクティブインフィードコンバータ（active infeed converter）[解説i]
能動連系機能をもち，その機能を活用して動作するとともに，単独で，またはほかの機器と組み合わされて交流電流の高調波[5]などのエミッション要求事項を満たした自励交直変換装置[6]。

注(5)　アクティブフィルタでは，高調波抑制対象機器の交流電流を含めた，抑制後の高調波である。高調波以外の高

い周波数のエミッションも要求事項を満たしていなければならない。

(6) この規格では，電圧形 PWM 変換装置による AIC（［電圧形］PWM AIC）を対象とする。

備考　単に力率を 1 とするといった機能しか利用しなくても AIC である。逆に，力率 1 で運転する変換装置であっても逆変換，および無効電力の制御が原理的にできないものは AIC ではない。

解説 i　可変速駆動システム（PDS），無停電電源システム（UPS）などの交流系統側の自励変換装置も AIC であることが多い。AIC である製品の例を解説 1 に示す。

　この規格では産業用などの変換装置に一般的に用いられている電圧形 PWM AIC だけを規定した。**IEC/TS 62578** には各種レベルの電圧形 PWM AIC のほかに，電圧形 F3E 変換装置（解説 2 参照），パルスチョッパ形 PWM 変換装置（解説 3 参照）および電流形 PWM 変換装置（解説 4 参照）が AIC として規定されているが，それらについては解説するだけとした。マトリクスコンバータ（**2.2.7** 参照）は，交直変換装置ではないため AIC ではなく，**IEC/TS 62578** にも規定されていないが，これについても解説 5 に解説した。

2.2.2　［自励］無効電力補償装置，STATCOM[7]

遅れまたは進みの無効電力を発生し，ほかの機器[8]が発生する無効電力の補償を行う AIC。変換装置の損失を供給する以外に有効電力の実質的な流れはない。

注[7]　STATCOM（static synchronous compensator）は，FACTS 機器として電力系統の安定度を向上させるために用いる自励無効電力補償装置の用語として IEEE で定義された（A-A. Edris, Chair et.al., "Proposed Terms and Definitions for Flexible AC Transmission System (FACTS)", IEEE Trans. on Power Delivery, pp. 1848-1853, Vol. 12, No. 4, Oct., 1997）。現在では一般の自励無効電力補償装置にも用いられている。電力系統用では，特定の機器が発生する無効電力の補償ではなく，安定度向上，電圧制御などの目的で無効電力が制御される。

[8]　需要家では，一般に同じ IPC（**2.7.1** 参照）に接続されたほかの機器が発生する無効電力の補償を行う。

備考　自励無効電力補償装置は，エミッションが限度値内になるように設計されており，AIC である。需要家における無効電力補償はフリッカ抑制を目的としていることが多く，自励フリッカ抑制装置と区別されないことが多い。アクティブフィルタの機能をもつこともある。

2.2.3　［自励］フリッカ抑制装置

ほかの機器に起因して生じるフリッカを無効電力によって抑制する自励無効電力補償装置。

備考　需要家では，一般に同じ IPC に接続されたほかの機器に起因するフリッカを抑制する。特に区別しないで自励無効電力補償装置ということもある。

2.2.4　［電力用］アクティブフィルタ，［電力用］能動フィルタ

ほかの機器に起因する高調波電圧または電流を抑制するためのフィルタとして動作する AIC。通常，次数間高調波電圧または電流も抑制する。変換装置の損失を供給する以外に有効電力の実質的な流れはない。

備考 1.　需要家では，一般に高調波抑制が必要な機器と組み合わせて用いられる。
　　 2.　アクティブフィルタは，一般に無効電力補償も行う。自励無効電力補償装置または自励フリッカ抑制装置と区別されないことが多い。

2.2.5　系統連系［用］自励逆変換装置

商用電力系統に連系する自励逆変換装置。一般に AIC である。

2.2.6　パワーコンディショナ，PCS

直流で発電された電力を交流に変換して電源系統に出力する機能をもち，制御監視装置，系統連系変換装置[解説ii]，直流変換装置（必要な場合），附属装置などをすべて備えた装置。

解説 ii　この［分散形電源］系統連系［用］［電力］変換装置は，分散形電源に用いられ，系統連系機能をもつ変換装置である（**JEC-2470** 2.2.1）。逆変換だけでなく，電池電力貯蔵装置用のように順変換を行うものもある。自励とは限らないが，一般に自励の AIC が用いられる。

2.2.7　マトリクスコンバータ[9]，マトリックスコンバータ

双方向に通電およびオン・オフを制御できる複数の半導体交流スイッチを入力と出力との間でマトリクス状に変換接続した構成で，その半導体交流スイッチをオン・オフ制御することによって，交流を任意の電圧および周波数の交流に直接変換する交流変換装置。

注(9) "matrix"は,学術用語集では"マトリックス"であるが,使用例を考慮して"マトリクス"を優先とした。

2.3 附属機器,附属装置

2.3.1 直流側機器(変換器からみた) 負荷も含めて,変換器の直流側に付加的に接続された電気機器の総称。

備考 直流側機器は,変換装置に内蔵された附属装置,および変換装置直流端子に接続された外部機器の両方を含む。負荷,直流フィルタなどだけでなく,変換装置に直流電力を供給する機器の場合もある。

2.3.2 短時間エネルギー蓄積装置 変換器の直流側に直接接続され,蓄積されたエネルギーによって1～10 ms程度の間,さらに必要によっては数秒程度の間まで,変換器を介して交流系統に定格電力を供給する直流コンデンサ。

備考 電力供給時間に応じて電解コンデンサ,電気二重層コンデンサなどが用いられる。電流形変換装置では直流リアクトルである。

2.3.3 長時間エネルギー蓄積装置 変換器の直流側に直接,またはほかの直流変換装置もしくは半導体スイッチを介して接続され,通常,秒から分の時間の間,変換器を介して交流系統に定格電力を供給する装置。

備考 一般に蓄電池が用いられる。

2.3.4 直流フィルタ 変換装置の直流側に接続され,リプルを低減するためのフィルタ。

備考 電圧形変換装置では,一般に直流コンデンサが直流フィルタを兼ねる。

2.3.5 交流フィルタ 変換装置の交流側に接続され,高調波を低減するためのフィルタ。

備考 一般に,変換器に直列接続された交流リアクトルと,その交流リアクトルの交流電源側端子に並列接続された交流コンデンサなどによるフィルタとの組合せによって交流フィルタとして機能しており,直列交流リアクトルも含めた全体が交流フィルタである。直列交流リアクトルは,高調波電流を抑制するように機能している。直列交流リアクトルだけの場合もあり,その交流リアクトルが交流フィルタとなっている。直列交流リアクトルは,連系リアクトルと呼ぶこともある。また,直列交流リアクトルは,変換装置用変圧器の短絡リアクタンスで代用されることもある。

2.4 制御方式

2.4.1 パルスパターン 変換器端子において測定可能な,バルブデバイスのスイッチングによって生成される電圧パルス列のパターン[10]。変換接続,パルス周波数および変調方式によって決まる。

注(10) 通常,基本波の1周期中におけるパターンをいう。電流形変換装置では電流パルス列のパターンである。

2.4.2 パルス幅変調,PWM 複数のパルス列の幅もしくは周波数,またはその両方を,ある波形を得るためのパルスパターンになるように行う変調。

2.4.3 PWM制御,パルス幅変調制御 パルス幅変調されたパルスパターンを生成するように主アームのオン・オフを行うパルス制御。

備考 PWM制御された変換装置によって行う変換装置の制御をいうこともある。

2.4.4 キャリア比較PWM[制御],キャリア比較パルス幅変調[制御] 信号とキャリアとを比較して行うPWM制御。

2.4.5 信号,信号波(解説ⅲ) キャリア比較PWMを行うときに入力する信号。この信号に従って変調波(2.4.7参照)が生成される。バルブデバイスのオン・オフを制御する信号(オン・オフ信号)と区別するときは,変調信号と呼ぶ。

解説ⅲ 信号を変調波,変調波を被変調波と呼ぶ例もあるが,この規格では"信号"および"変調波"を用いる。

2.4.6 キャリア,搬送波 キャリア比較PWMを行うときに信号と比較して変調波を生成するために用い

る，キャリア周波数の周期波形(解説iv)。

 解説iv 三角波，のこぎり波などが用いられる。アナログ制御では，簡単に発生できるのこぎり波が用いられることが多かったが，現在は，パルスパターンの特性が良い三角波を一般に用いる。
  通信の分野ではキャリアとは信号を伝送するための基本波形であり，パルス幅変調ではパルス幅が一定で変調されていないパルスパターンということになるが，パワーエレクトロニクスでは変調のときに参照するこの三角波などをキャリアと呼んでいる。

2.4.7 変 調 波(解説iii) キャリア比較PWMによって生成された，パルス幅が変調されたパルス列。変調波によって主アームのオン・オフが制御され，変換器から所期のパルスパターンを発生する。

2.4.8 対称パルス幅変調［制御］，対称PWM［制御］ キャリアとして三角波を用いたキャリア比較PWM。

2.4.9 変調率 K キャリア比較PWMにおける，信号の値[11]のキャリア振幅に対する比。

 注[11] 信号の値として，キャリアと比較するときの信号の瞬時値を用いる場合と，正弦信号波の振幅を用いる場合とがある。前者の場合，文字記号は k とする。後者の場合，三相変換器で正弦信号波に3倍次数の高調波を重畳して信号の振幅を抑制する（**2.4.16**参照）と発生できる正弦波が大きくなる。このときの変調率は，発生する正弦波の振幅の，瞬時値による変調率が1以下の範囲でデッドタイムなどを無視して発生できる最大の正弦波の振幅に対する比で表す。ただし，正弦信号波は平衡で，意図して発生する高調波は含まないものとする。例えば $1/6 = 0.167$ 倍の3次高調波を重畳し $s = \cos(\omega t) - \cos(3\omega t)/6$ とすると，s は $\omega t = \pi/6$ で極大値 $\sqrt{3}/2$ となるので，$2/\sqrt{3} = 1.15$ 倍して $s_a = 2[\cos(\omega t) - \cos(3\omega t)/6]/\sqrt{3}$ としても s_a は1以下となる。キャリアの振幅が1であれば，$s_a = 1$ のときに変調率が1となる。この結果，変調率と交流電圧との関係式は，重畳前は $U_v = (\sqrt{3}/2\sqrt{2})U_d K$ であったものが，重畳後は $U_v = (1/\sqrt{2})U_d K$ となり，発生できる正弦波は1.15倍になる。

2.4.10 キャリア周波数，搬送波周波数 f_C キャリアの周波数。

2.4.11 スイッチング周波数 電圧形変換器のある一つの逆並列アーム対が1秒間に通電する回数。

 備考 通電とは，主アームをオン・オフ（その対アームはオフ・オン）制御した結果，逆並列ダイオードを含むアーム対として電流が1パルスの通電を行うことであり，電流の極性切換に伴う逆並列アーム間でのオン・オフは含めない。電圧形変換器2レベル変換器では，キャリア周波数に等しい。交流電源周波数の1サイクルにおける通電回数の約半数が主アームの，残りが逆並列ダイオードの通電となる。

2.4.12 パルス周波数 パルスパターンの1秒間におけるパルス数。

 備考 2レベル変換器ではキャリア周波数に等しく，また，スイッチング周波数と等しい。3レベル変換器では，単純なパルス波形ではないが，ユニポーラ変調による3レベル変換装置ではキャリア周波数に等しいと定義する。個々のバルブデバイスのスイッチング周波数とは通常等しくなく，また，個々のバルブデバイスのスイッチング周波数も同一とは限らない。

2.4.13 合成パルス周波数 変換器を多重接続したときの多重数とパルス周波数との積で決まるパルス周波数。多重接続していないときは，パルス周波数に等しい。

 備考1. 合成パルス周波数は，高調波または次数間高調波の周波数としては必ずしも現れない。
  2. 設備内結合点（IPC）における高調波または次数間高調波を制御するときは，その周波数よりも合成パルス周波数を十分に高くする必要がある。

2.4.14 PWMパルス数[12] p パルス周波数の基本波周波数に対する比。

2.4.15 合成PWMパルス数[12] p_s 合成パルス周波数の基本波周波数に対する比。多重接続していないときは，PWMパルス数に等しい。

 注[12] 他励変換装置でのパルス数は，交流電圧の1サイクルに行われる変換器全体での転流の回数であり，意味が違うため"PWM"を付けて用いる。混乱しない場合は"PWM"を省略してもよい。

2.4.16 3倍次数高調波重畳PWM［制御］ 三相変換器において，すべての相に同じ振幅および位相の3の倍数次の高調波を重畳させても線間電圧としては出力されないことを利用し，三相正弦信号波のピーク値を低減するように3の倍数次の高調波を重畳することによって，過変調としないでより大きな三相正弦信号波を与え，出力電圧を重畳しないときよりも高く[13]したキャリア比較PWM。3次高調波だけを重畳した場合は，3次高調波重畳PWM［制御］という。

注[13] 最大15％出力電圧を高くできる。注[11]参照。

2.4.17 中間電圧二分の一重畳PWM［制御］ 三相変換器において，各相の信号のうち中間の大きさの信号の$\frac{1}{2}$を各相の信号に加えて行うキャリア比較PWM。

備考 3倍次数高調波重畳PWM制御の一種である。空間ベクトル変調制御では，これと同様の操作を行っており，ほぼ同じパルスパターンになる。

2.4.18 最適［同期］パルスパターン制御 所期の出力特性をもたせるために，キャリア比較などによらないで電源周波数に同期した最適なPWMパルスパターンを指定し，それに従って行うPWM制御。

備考 特定の次数の高調波を発生しないようにする方式，複数の次数の高調波全体を低減するようにする方式など，各種の方式がある。

2.4.19 ヒステリシス制御 所要波形に対してある裕度をもった上限値および下限値を指定し，その限度値を超えようとしたときにアームをオンまたはオフにして行うPWM制御。

2.4.20 空間ベクトル［変調］制御 三相電圧を空間ベクトルで表現したとき，変換器が発生する出力電圧は変換器の動作状態に応じた複数の状態ベクトルとなる。所期の空間ベクトルを発生するように状態ベクトルを切り換えてパルスパターンを決めるPWM制御。解説7参照。

2.4.21 磁束ガイダンス制御 三相電圧形変換器が発生する変換器磁束の空間ベクトルがその指令ベクトルに追従するように，出力電圧状態ベクトルを選択するPWM制御。解説8参照。

2.4.22 スライディングモード制御 異なる特性をもった制御系の間で切り換えることによって所期の特性を実現するPWM制御。解説9参照。

2.4.23 力率1制御 基本波力率が1となるように行う変換器の制御。交流基本波電流の位相が基本波電圧の位相に一致するように制御することによって行われる。

備考 電流には一般に高調波が含まれるので，総合力率は1になるとは限らない。

2.4.24 ライドスルー 交流電源の瞬時停電の間および後での変換器の運転継続。

2.4.25 デッドタイム 交互にオン・オフする直列接続されたオン・オフ制御バルブデバイス間で，直流短絡を防止するために，一方がオフした後，他方をオンさせるまでにとる時間。

2.5 一般事項

2.5.1 変換接続 電力変換を行うための主要な回路の構成。"変換器トポロジー"ともいう。

2.5.2 トポロジー 各種の可能な配列およびその接続に関する共通用語。

2.5.3 多重接続（PWM変換器の） 位相が異なるキャリアでPWM制御された複数の自励変換器の並列もしくは直列または直並列接続。並列もしくは直列または直並列の数を多重数という。

備考 2組のレグキャリアの位相をずらした単相ブリッジ変換器では，パルス周波数が2倍になる。ハーフブリッジの直列2多重接続として扱われる。

2.5.4 PWM［制御］変換器　PWM制御によってバルブデバイスのスイッチングを行う自励変換器。

2.5.5 PWM［制御］変換装置　PWM変換器を用いた自励変換装置。

2.6 定格条項

2.6.1 定格［皮相］容量（装置の）S_{LN}　製造業者によって指定された，当該装置の定格電圧 U_{LN} および定格電流 I_{LN} から算出される皮相電力。三相の場合，次式で算出される。

$$S_{LN} = \sqrt{3} \times U_{LN} \times I_{LN}$$

備考　U_{LN} および I_{LN} は，基本波実効値を用いる。波形ひずみを考慮した全実効値ではない。

2.6.2 単位静電定数 H　変換装置定格直流電圧 U_{dN} における直流コンデンサの蓄積エネルギー E の変換装置定格容量 S_N に対する比。

$$H = \frac{E}{S_N} = \frac{CU_{dN}^2}{2S_N}$$

ここで，C：コンデンサの静電容量

2.7 電源系統

2.7.1 IPC, 設備内結合点（in-plant point of coupling）　特定の負荷に対して電気的に最も近く，ほかの負荷が接続される，または接続されうる，電力系統内の，または設備の電気回路の接続点。

備考　IPCは，通常，変換装置の電磁両立性が考慮される点である。商用電力系統に接続する場合，IPCはPCC（共通結合点：point of common coupling）に等しい。

2.7.2 連系リアクタンス　変換器とIPCとの間のリアクタンス。通常，交流リアクトルのリアクタンス，またはそれに代用した変圧器の短絡リアクタンスに等しい。

備考　一般に抵抗分は十分に小さいので，リアクタンスとインピーダンスとはほぼ等しい。

2.7.3 電源インピーダンス　IPCまたはPCC[14]における交流電源側のインピーダンス。

注[14]　変換装置としてはIPCにおける値であるが，PCCにおける値をいうこともある。どちらでのインピーダンスか明確にしておく必要がある。

2.7.4 系統側実効フィルタインピーダンス　可制御高調波または次数間高調波の範囲の周波数に対する，AICの電源側フィルタの実効インピーダンス。

備考　周波数のこの範囲の値を決められない場合は，基本波周波数の値を明確に与えることが望ましい。

2.7.5 総合インピーダンス　AICの電源インピーダンスおよび電源側フィルタインピーダンスによって決まるインピーダンス。

備考　総合インピーダンスは，可制御高調波の範囲では，通常，純誘導性として近似できる。

2.7.6 短絡容量 S_{SC}　交流電源の公称線間電圧 U_n，およびPCCまたはIPC[15]における交流電源側のインピーダンス Z から計算される三相短絡容量。

$$S_{SC} = \frac{U_n^2}{Z}$$

ここで，Z：電源周波数における電源インピーダンス

注[15]　一般的な定義ではPCCにおける Z を用いるが，変換装置に対しては通常，変換装置が接続されるIPCにおける Z を用いる。どちらの Z による値か明確にしておく必要がある。IPCにおける U_n は，装置の定格電圧 U_{LN} に等しいものとする。

2.7.7 短絡［容量］比 R_{SC}　IPCにおける交流系統の短絡容量 S_{SC} の，装置の定格容量 S_{LN}（基本波容量）に対する比。

$$R_{SC} = \frac{S_{SC}}{S_{LN}}$$

2.8 電磁両立性

2.8.1 基本波成分，基本波（フーリエ級数の）　周期的に変化する量をフーリエ級数展開したときの，元の波形と同じ周波数の正弦波成分。

備考　実際の測定では，一般に十分に長い期間の波形をとって，それを周期波形とみなしてフーリエ級数展開する(解説v)。

解説v　みなし周期波形のサンプル値から演算する離散フーリエ変換［DFT (discrete Fourier transform)］が用いられる。期間は，変化量の周期の整数倍（n 倍。商用周波数の周期の20倍程度）でなければならない。このとき，変化量の周波数 f に対して，みなし周期波形の周波数 f/n を基本波として f/n の周波数ごとの高調波周波数成分が得られる。そのうち，周波数 f の成分が基本波，その整数倍の周波数の成分が高調波である。波形が同一繰り返し波形になっていないと，基本波周波数よりも低い周波数成分および高調波周波数間の周波数成分も生じる。これらは，分数調波成分または次数間高調波成分である。

2.8.2 高調波周波数　基本波周波数または基準基本波周波数の，2以上の整数倍の周波数。

2.8.3 高調波［成分］　周期的に変化する量の，高調波周波数の正弦波成分。

備考　実際には十分に長い期間の波形をとって，それを周期波形とみなしてフーリエ級数展開することがある。

2.8.4 可制御高調波または可制御次数間高調波　AICによって制御できる高調波または次数間高調波成分の組。

2.8.5 発生高調波または発生次数間高調波　パルス周波数およびパルスパターンに従って発生する高調波または次数間高調波成分の組。

2.8.6 フリッカ　アーク炉などの負荷変動に起因した電圧変動で生じる照明のちらつき。

3. 能動連系変換装置の基本特性

3.1 基本変換接続および動作原理

3.1.1 一般事項　AICは，ほとんどが電圧形PWM変換器（PWM VSC[1]）で構成されている。電流形PWM変換器（PWM CSC[1]）が用いられることもある。直流側にコンデンサまたはリアクトルによる電圧または電流の平滑手段がない，またはほとんどない変換方式もある。マトリクスコンバータのように直接交流変換する方式もある。ここではPWM VSCによるAICを対象として説明する。

単相VSCおよび三相VSCがあり，定格容量が大きいものは一般に三相VSCが用いられる。受電電圧も容量に応じて200 V，400 V，6 600 Vなどと高電圧になっていく。ここでは三相VSCの場合を例として示す。

VSCの一般的な構成を図1に示す。交流入力部には通常変換装置用変圧器が入るが，簡単化のために省略した。動作原理は，変換器交流側端子の電位を直流側のC（+）側またはD（−）側の電位に切り換えてPWM制御されたパルスを発生することである。発生させたパルスパターンによって交流側にパルスの平均値として所要の交流電圧を発生し，その交流電圧の振幅および位相を制御することによって有効電力，無効

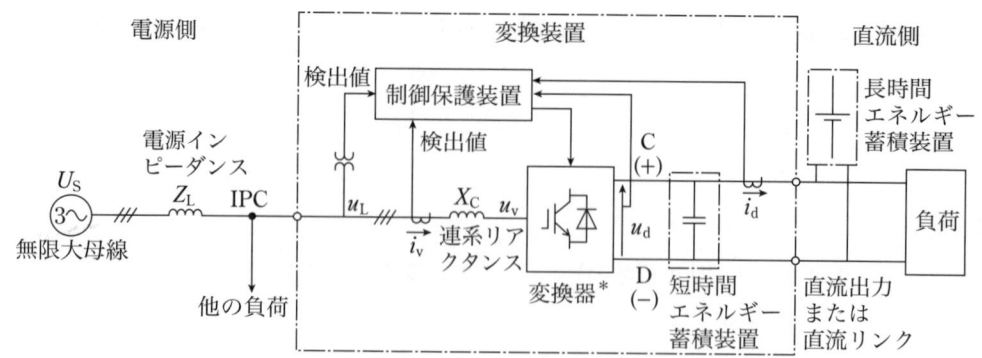

(注* 図示したバルブデバイスの種類は，単に説明用である．各種のバルブデバイスが用いられる．)

図1 VSCによるAICの基本構成

電力などを制御する．キャリア周波数 f_C（パルス周波数）は通常300 Hzから20 kHz程度，PWMパルス数 p では6〜400程度である．必要によって多重化し，合成パルス周波数を電源周波数に比較して通常十分に高くしており，交流側の電圧または電流を高速で正確に制御できる．しかし，スイッチングによって高い周波数領域の高調波(解説10)などの不要な電磁妨害を発生する．電磁妨害を対策するために一般に受動交流フィルタが必要である(解説11)．図1の例ではリアクタンス X_C の連系リアクトルがフィルタとして機能している．

VSCによるAICでは電源周波数の交流だけでなく，その高調波成分の正確な制御も可能となる．高調波を制御できる周波数範囲は合成パルス周波数，または，高調波次数で考えたときは合成PWMパルス数 p_s によって決まり，実用的に制御可能な高調波次数は p_s の数分の一である(解説12)．このほか，制御装置の性能も関係する（**5.3.1**参照）．以下，特に区別が必要でないかぎり"合成"を省略して記載する．

注(1) VSCは，voltage stiff converterまたはvoltage source converter．**JIS C 60050-551**によると電圧形交直変換器の英語はvoltage stiff a.c./d.c. converterであって，インバータの場合だけがvoltage source inverterである．AICでは逆変換可能なことを前提としているのでvoltage source converterを用いてもよい．CSC（current stiff converterまたはcurent source converter）も同様である．

交流電源を含めたVSCの全体システムは，三つの部分に分けることができる．

(1) 電源側　　無限大母線電圧 U_S，および設備内結合点（IPC）からみた電源インピーダンス Z_L である．Z_L は一般に誘導性インピーダンスである．

(2) 変換器およびその制御　　この部分は，一般には連系リアクトルもしくは変換装置用変圧器による連系リアクタンス X_C，またはT形構成のLCLフィルタなどによる交流側フィルタを通常含む．変換装置用変圧器を用いた場合，その短絡リアクタンスがフィルタのリアクタンスの一部またはすべてとなる．

これに接続される変換器の構成はさまざまである．

直流側は，VSCを対象としているので容量性平滑としている．

制御は，キャリア比較PWM制御，空間ベクトル制御，最適同期パルスパターン制御，ヒステリシス制御，スライディングモード制御などでパルスパターンを発生して行う．キャリア比較PWM制御の場合，パルス周波数は固定されるか，または電源周波数に同期される．最適同期パルスパターンの場合は，パルスパターンは電源周波数に同期して固定される．電源磁束ガイダンス制御の場合は，パルスパターンは電源周波数と非同期であり，周期ごとに変化する．

(3) 直流側機器　　接続された直流側機器は，エネルギーを消費する負荷とは限らず，太陽電池のようなエネルギー発生源のこともある．ほかの一般的な用途は，例えば無停電電源システムのような，交流負荷に給電するための変換器である．無効電力補償装置などの補償用途のAICの場合は，直流コンデ

サだけで負荷はない。VSCでは，長時間エネルギー蓄積装置を短時間エネルギー蓄積装置である直流コンデンサに並列に容易に接続できる。直流コンデンサの静電容量は，一般に数ミリ秒の間，変換器をトリップさせることなく定格電力を出力できる程度である。長時間エネルギー貯蔵装置によって，秒から分の期間まで定格電力を電源側に出力できる。なお，直流側機器が変換器の場合，直流回路は，通常，直流リンクと呼ぶがこの規格では直流で統一する。

3.1.2 AICの等価回路 AICの定常的な動作特性は，等価電源およびインピーダンスによって説明できる。これを図2に示す。ここではフェーザを用いている。

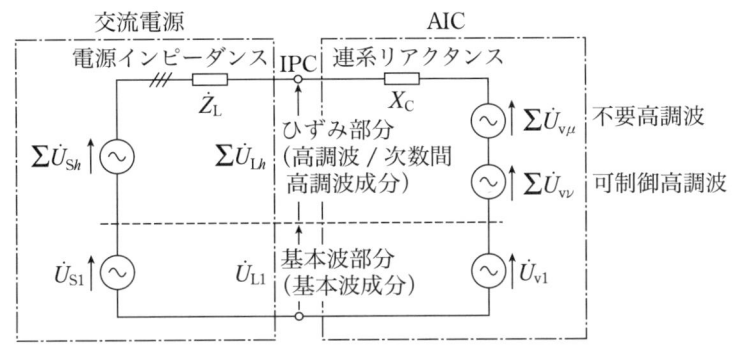

図2 交流電源とAICとの相互作用を表す等価回路

電圧を電源電圧 U_S（無限大母線における仮想的電圧）と変換器で発生する電圧 U_v とに分けて考える。それぞれの電圧を電源周波数の電圧成分である基本波と高調波（次数間高調波を含む）とに分けて考える。変換器（AIC）の高調波電圧は，さらに，次に説明する2組の高調波電圧に分けて考える。

(1) **可制御高調波グループ $\sum \dot{U}_{v\nu}$** この高調波は，発生しないように制御できる高調波を含めて意図的に値を制御できる高調波であり，高調波次数を ν で示す。

(2) **不要高調波グループ $\sum \dot{U}_{v\mu}$** この高調波は，PWM制御によって発生する不要高調波であり，高調波次数を μ で示す。パルスパターンから決まり，主な成分はパルス周波数付近にある。

交流電源の高調波電圧 $\sum \dot{U}_{Sh}$ は，発電機および各種の負荷，変圧器などに起因して発生するすべての高調波を重畳した電圧である。

3.1.3 フィルタ 変換器の交流側には，通常，連系リアクトルがある。このリアクタンス X_C，および場合によっては電源インピーダンス Z_L も加えて，交流フィルタとして機能し，変換器が発生する高調波電圧に起因する高調波電流を抑制する。リアクトルだけでは十分に抑制できないときは，コンデンサなどを並列に接続することもある(解説11)。

交流フィルタは，経済性の観点から，所要高調波はフィルタを通過し，かつ，不要高調波は線路のEMC仕様から規定される限度内まで減衰されるような容量とする。IPCにおける交流電源の条件から，追加の設計視点が必要になることもある。

不要高調波は，主としてパルス周波数付近の高調波である。フィルタリアクトルの仕様は，これらの高周波を考慮し，リアクトルが過熱しないようにする。

直流コンデンサは，直流フィルタとして機能する。変換器および接続された負荷が適切に動作するように直流電圧のリプルを抑制する。直流コンデンサの仕様は，コンデンサが過熱しないように電流リプルを考慮する。不平衡の場合および単相の場合は，電源周波数の2倍の周波数の成分も考慮しなければならない。

直流コンデンサのエネルギー蓄積能力を動的要求事項に適合させる場合がある。適用の一つは，ライド

スルーである。変換器でのエネルギーの流れまたは負荷の動的変化によっても，より大きな直流側エネルギー蓄積を必要とする。コンデンサの容量が不十分であると直流電圧または電流値が許容幅を超えてしまい，PWM変換器の正常機能が保証できなくなることがある。電圧または電流のオーバシュートは，ごく短時間であっても変換器の半導体バルブデバイスを損傷させる可能性がある。

基本波周波数および可制御高調波にとって，交流フィルタは，一般に純誘導性とみなせる。総合インピーダンスによる電圧降下によって線路側電流が通電される。この線路側電流の速い変化のためには，総合インピーダンスに高い電圧を加えなければならず，したがって，変換器が発生できる交流電圧，およびそれに応じて直流電圧もより高くしなければならない。線路電流のこのような速い変化は，より高い周波数の電流成分および動的変化時の制御を行うときに必要になる。

3.1.4 パルスパターン

発生したパルスパターンは，変換器の特性，および発生する高調波(解説10)に大きく影響する。パルスパターンの主な発生方式（PWM制御方式）として次の方式がある。

(1) キャリア比較PWM制御　例を図3に示す。

変調波を求める代表的な方法として，2種類の方法がある。

(a) 自然サンプリング　アナログの連続的な信号を三角波キャリアと直接比較する。

(b) 規定サンプリング　信号の値を周期的にサンプリングし，このサンプル値による階段波をキャリアと比較する。一般には三角波キャリアの極値（極大値および極小値の両方の場合は，キャリア周期に2回。または，一方だけとして1回）における信号の値をサンプルする。デジタル制御では，規定サンプリングを用いることが多い。

(a)と(b)との二つの方法の差は小さいが，発生高調波にわずかな違いを生じる(解説10)。また，サンプリング周期がT_Sのとき，発生するパルスパターンの基本波は，$T_S/2$の時間だけ信号よりも位相が遅れる。

三相変換器では3倍次数の同じ高調波成分を各相の信号に加えても線間電圧では相殺されて，通常，外部に影響しない。一方，その位相を適切に選ぶことによって正弦波のピーク値を抑制できる。このことを利用して変換器が発生できる電圧を最大$2/\sqrt{3}$ = 1.15倍大きくできる。これを3倍次数高調波重畳PWM制御と呼ぶ。特に三相正弦波信号のうちの中間の大きさの信号の1/2を各相に与えた中間電圧二分の一重畳PWM制御では，空間ベクトル変調制御とほぼ同じになる。

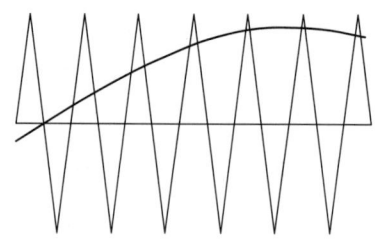 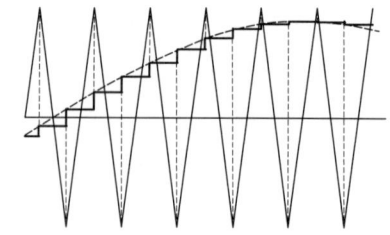

(a) 自然サンプリング　　　　　(b) 規定サンプリング

図3　キャリア比較PWMの方法

(2) 最適同期パルスパターン制御　指定した最適なPWMパルスパターンで動作させる。

(3) 空間ベクトル変調制御　制御周期の間に発生する空間電圧ベクトルの時間平均値が所定の値になるように，零でない電圧空間ベクトルおよび零ベクトルを選ぶ。2種類の零ベクトルは，等しい時間になるようにする。詳細は，解説7を参照。

(4) 磁束ガイダンス制御　詳細は，解説8を参照。

(5) スライディングモード制御　詳細は，解説9を参照。

3.1.5 制御方法　制御方法についての基礎的な説明は，4.1.2に記載する。

3.1.6 電流の制御　AICは，線路から吸収または線路に注入する電流の基本波および可制御高調波成分を制御することができ，これによってさまざまな制御が行える。ただし，二次的効果として高い周波数の成分（高調波だけでなく，2 kHzを超える周波数成分を含む）が発生するので，適切なフィルタで抑制しなければならないことがある。

図2に示す無限大母線の電圧 U_S および電源インピーダンス Z_L は変換器にとって未知の値であり，実際の交流電源構成および接続されたほかの負荷によって不特定に変化する。したがって，通常，図1に示すようにIPCにおける電圧を検出して制御する。さらに，交流電流ならびに直流の電圧および電流も検出する。

AICはフレキシビリティが高いため，各種の用途に適用できるだけでなく，そのための制御方式もさまざまである。しかし，主な制御対象は，有効電力，および無効電力（基本波の無効電力，または基本波および高調波による無効電力）である。AICで電流を制御することによって，所要の負荷特性を達成できる。

3.1.7 能動的力率補正　図2において，基本波部分だけを取り出し，フェーザによって説明する。電源インピーダンスおよび連系インピーダンスは，抵抗を無視して電源リアクタンス X_L および連系リアクタンス X_C だけとする。変換器の交流電圧を $\dot{U}_v$，無限大母線の電圧を $\dot{U}_S$ としたときに変換器には次の電流 $\dot{I}_v$ が流れ込む。

$$\dot{I}_v = \frac{\dot{U}_S - \dot{U}_v}{\mathrm{j}(X_L + X_C)}$$

変換器電圧 $\dot{U}_v$ を適切に制御することによって，所要の変換器電流 $\dot{I}_v$ を流すことができる。

実際には $\dot{U}_S$ の値は測定できないので，IPCにおける電圧 $\dot{U}_L$ を用いて制御する。このときのフェーザは図4となる。$\dot{I}_v$ によって $\dot{U}_L$ は変化するが，上記と同様の関係が成り立つ。

$$\dot{I}_v = \frac{\dot{U}_L - \dot{U}_v}{\mathrm{j} X_C}$$

$\dot{U}_L$ を基準とした $\dot{U}_v$ の位相を δ とするとき，変換器への入力は次のようになる。

$$\dot{I}_v = \frac{U_L - U_v \mathrm{e}^{\mathrm{j}\delta}}{\mathrm{j} X_C} = \frac{U_L - U_v \cos\delta - \mathrm{j} U_v \sin\delta}{\mathrm{j} X_C}$$

$$\dot{P} = \overline{U}_L \dot{I}_v = U_L \frac{U_L - U_v \cos\delta - \mathrm{j} U_v \sin\delta}{\mathrm{j} X_C}$$

$$P = -\frac{U_L U_v \sin\delta}{X_C}$$

$$Q = \frac{U_L (U_v \cos\delta - U_L)}{X_C}$$

δ は小さいので $\cos\delta$ はほぼ1である。特に無効電力補償装置の場合は，変換装置の損失分以外の電力を流さないため δ を零とみなせるので $Q = U_L(U_v - U_L)/X_C$ となり，U_v を U_L よりも高くすれば進み運転，低くすれば遅れ運転となる。したがって，U_v の振幅を制御することによって，AICは，仕様の範囲内で，零を含む任意の無効電流を流すことができ，その結果，零を含む任意の無効電力を発生することができる。

U_v を高くして進み運転とすることによって，U_L を高くできる。このことは，U_v と U_S との間で X_C と X_L

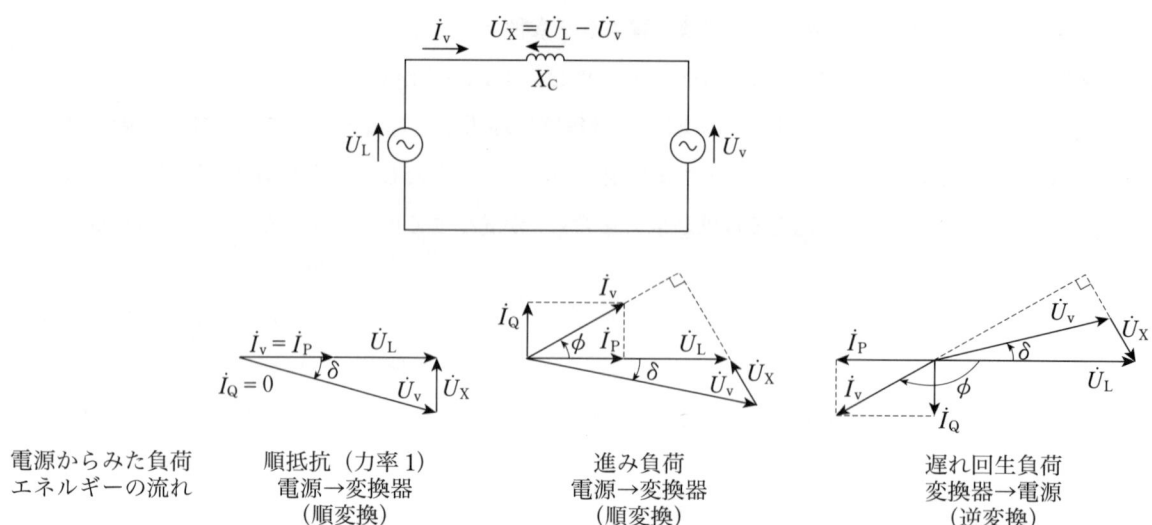

図4 異なる負荷条件に対する交流電源および変換器の基本波電圧および電流のフェーザの例

とによって分圧されて，U_L が次の式のように決まるためであると考えることもできる。

$$U_L = \frac{X_L U_v + X_C U_S}{X_L + X_C}$$

ただし，上記のように電圧を制御したのでは交流電源の電圧が急変したときに過電流を生じやすい。実際には変換器は電流を制御しており，上記の $\dot{U}_v$ は，その結果として変換器が発生する電圧である。また，高調波に対しては電圧では制御できない。交流電流が所定の波形になるように，電流を制御して行う。

変換器は，このように進みまたは遅れの電流を通電することによって，U_L をある電圧値を保持するように補償装置として用いることができる。理想的な力率補正では，変換器電流は電源電圧に対して直交する（90度遅れまたは進み）。

変換器電圧 U_v は，動作点に応じて，多くの場合，IPC における電圧 U_L よりも高くしなければならない。このことは，変換器の仕様を決めるとき，および設計するときに考慮しなければならない。動的特性のためには，さらに余裕が必要である。

3.1.8 デッドタイムの影響およびその対策　電圧形変換器では，アーム対間でデッドタイムを確保してスイッチングを行う。この結果，3次などの低次の不要高調波を生じるので，適切な対策が必要である。詳細は解説 13 を参照。

3.2 AIC の定格

JEC-2440 4.2 定格値，または当該製品規格を参照。

3.2.1 正弦波条件における変換装置定格　変換器電圧が最高になる最も厳しい動作条件は，IPC における電圧が裕度内で最高の場合に純進みの定格電流を通電するときである。この場合でも変換器は，瞬時瞬時で必要な変換器交流側電圧を供給しなければならない。所要ピーク電圧を出力できなければ，進み電流の値を制限しなければならなくなるか，または正弦波の電流を流せなくなる。

一例として，連系リアクタンス X_C が 10％，その抵抗 R_C が 1％，変換器が発生できる最大電圧 U_{vmax} が 112％ の場合に出力電流 I_v の範囲を 100％ としたときの入力有効および無効電力の範囲を図 5(a) に，また，I_v の範囲を 150％ としたときの入力の範囲を図 5(b) に示す。電源電圧 U_L が 100％ を超えると所要の I_v を流すのに必要な変換器電圧を出せなくなって I_v が制限され，進み運転に制約が生じる部分がある。I_v の範囲

を150%としたときは，U_Lが100%であってもI_vおよび進み運転に制約が生じている。

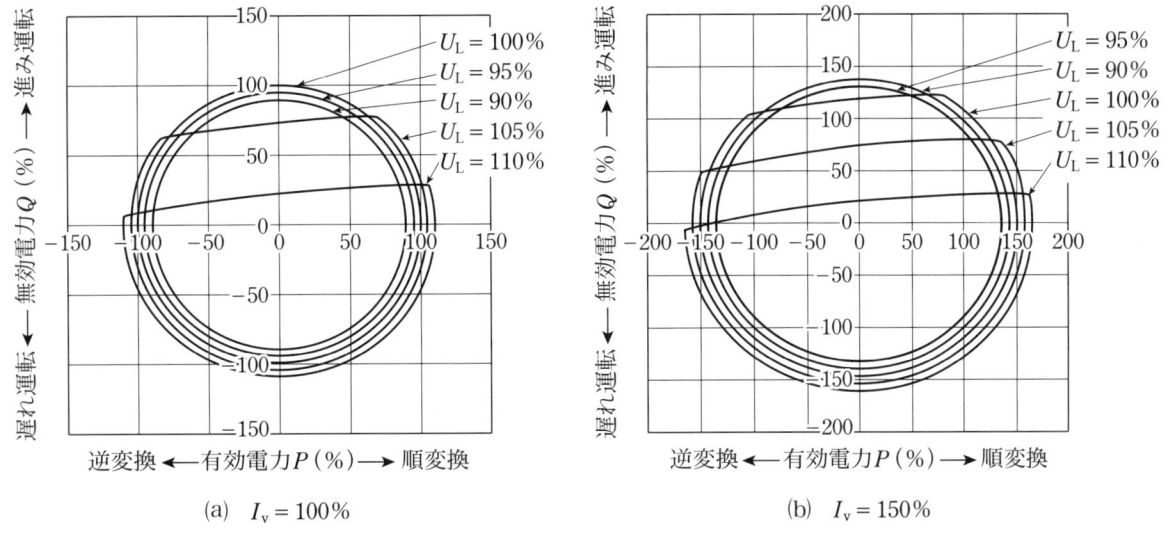

(a) $I_v = 100\%$ (b) $I_v = 150\%$

図5 運転範囲（$X_C = 10\%$，$R_C = 1\%$，$U_{vmax} = 112\%$の場合）

3.2.2 高調波電流を通電する場合の変換器定格 所要高調波電流を通電するためには，3.2.1で検討した正弦基本波を通電するための条件での所要電圧に加えて，さらに高調波電流を通電するための電圧が必要となる。この場合も図2の等価回路によって検討できる。

各次数の高調波電流に対して必要な高調波電圧は，電源側フィルタの有効インピーダンスから決まる。重ねの理が成り立つので，変換器の所要電圧は，基本波の所要電圧に各次数の高調波ごとに必要な電圧をすべてベクトル加算して求められる。変換器の所要瞬時電圧は，高調波電流の位相に応じて変化する。最悪条件としては，基本波および所要高調波を電源側フィルタに通電するための電圧の全ピーク値をIPCにおける電圧ピーク値に加算した値を変換器電圧の最大電圧としなければならない。変換器の定格がこの電圧を出力できないときは，所要の電流を通電できない。

IPCにおける電圧が大きくひずんでいるといったような特別な場合は，最悪ケースのひずみ時も含むIPC電圧のピーク値を考慮して変換器の定格を決めなければならない。

また，変換器の合成PWMパルス数p_sは，通電する高調波次数hに対して数倍以上にすることが望ましい[解説12]。制御するだけであれば3倍程度でも可能であるが，不要高調波の影響が大きい。

3.2.3 動的条件における変換装置定格 この場合も図2の等価回路で考えることができる。ただし，この場合は，交流電源側に流れる電流を動的に変化させなければならない。このためには，流れる電流を変化させるのに必要な電圧をインピーダンスに加えなければならず，それを変換器から供給しなければならない。変換器は，必要な動的性能に応じて十分大きな瞬時電圧を出せるように設計しなければならない。

3.3 EMC

3.3.1 高調波 AICは，電流波形を理想的な正弦波に近づけるという要求から発展したものである。アクティブフィルタでは意図的に高調波を発生することによって高調波発生機器を含めた全体で受電電流を正弦波に近づける。高調波に関しては解説10を参照。

3.3.2 高周波 AICは，高周波に対してもEMC要求事項を満たしていなければならない。高周波だけでなく，2～150 kHzの周波数成分に対してもEMC要求事項に対する標準化が進められている。現時点では特に規定はないが，今後，この周波数帯域についても検討が必要になってくる。

4. 能動連系変換装置の構成

この箇条では,能動連系機能をもった各種レベルの電圧形三相 PWM AIC の構成およびその特性を述べる。

4.1 電圧形 2 レベル PWM AIC

4.1.1 基本機能および変換接続

電圧形 2 レベル PWM AIC は,一般的に 1 kHz から 20 kHz 程度の間のキャリア周波数 f_C を用いる。PWM パルス数 p では,20 ～ 400 程度である。4 象限運転が可能で,正弦波の相電流をどのような位相角にも制御可能である。また,有効および無効電力は互いに独立して制御可能である。さらに同様の変換接続によって電力用アクティブフィルタが実現可能である。ダイオード整流方式と比較して回生が可能で制御能力が高く,また,交流電源への高調波流出が小さいため,可変速駆動システム,無停電電源システム,太陽光発電システム,風力発電システムなどに広く適用されている。

三相電源に連系する電圧形 2 レベル PWM AIC の基本変換接続を図 6 に示す。一般に変換装置用変圧器が用いられるが,ほかの場合も変圧器を省略して図示している。交流リアクトル X_C,バルブデバイスで構成された変換器および直流コンデンサ C_d からなる。直流側機器は,入力が直流電圧源特性の機器であり例えばチョッパ,インバータなどである。なお,無効電力補償装置,電力用アクティブフィルタなどは,通常,直流側機器をもたない。バルブデバイスは,直流電圧 U_d を電源各相 U_v,V_v および W_v に接続する。

適切な動作には,電源電圧と変換器入力との間のリアクタンス $(X_L + X_C)$ が必要である。ここで,電源インピーダンスはリアクタンス X_L［短絡比 R_{SC} のとき,$X_L = 100/R_{SC}$（％）］で表されるものとした。$(X_L + X_C)$ は,電源電圧と変換器入力電圧との差分を受けもち,これによって交流電流の高調波（基本波電流に重畳する電流リプル。電源周波数に対して 50 次以下など。）が抑制される。電流高調波は,ほかにキャリア周波数 f_C および直流電圧 U_d によっても決まり,$(X_L + X_C)$ は電流高調波を十分に低減する値とする。高周波の電磁妨害を許容値に制限するには,追加のフィルタ要素（**3.1.3** および**解説 11 参照**）が必要な場合もある。

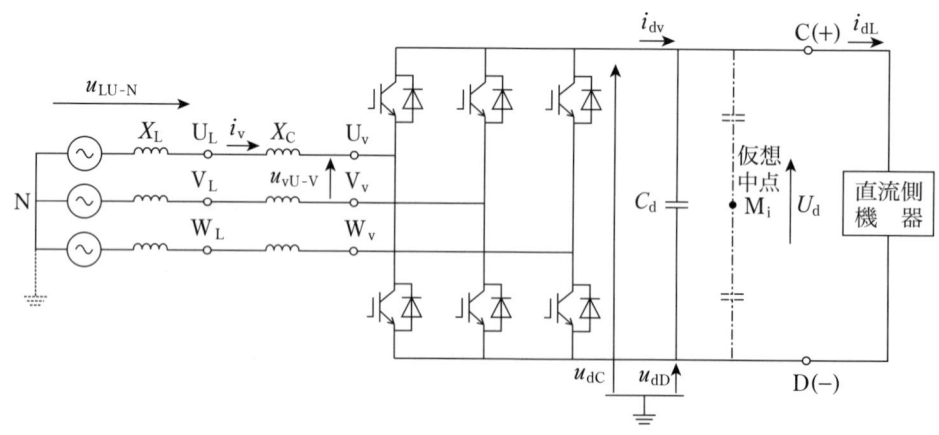

図 6 電圧形 2 レベル PWM AIC の基本変換接続

電圧形 2 レベル PWM AIC の変換器の変換器端子電圧 u_v の相電圧は直流仮想中点 M に対して $U_d/2$ または $-U_d/2$ であり,線間電圧は $\pm U_d$ または 0 である。変換器交流端子における,U 相の直流仮想中点 M に対する電圧 u_{vU-M} の波形例を図 7(a),および U-V 相の線間電圧 u_{vU-V} の波形例を図 7(b)に示す。ここで,

電源周波数50 Hz，直流電圧 U_d = 720 V，キャリア周波数 f_C = 3.75 kHz（PWM パルス数 p = 75），変調率 K = 0.907（正弦波変調。交流線間電圧基本波実効値 400 V）の場合とした。

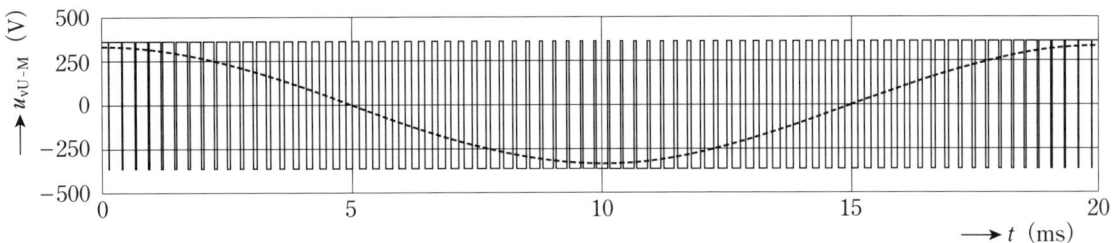

(a) 対仮想直流中点相電圧 $u_{vU\text{-}M}$ およびその基本波電圧

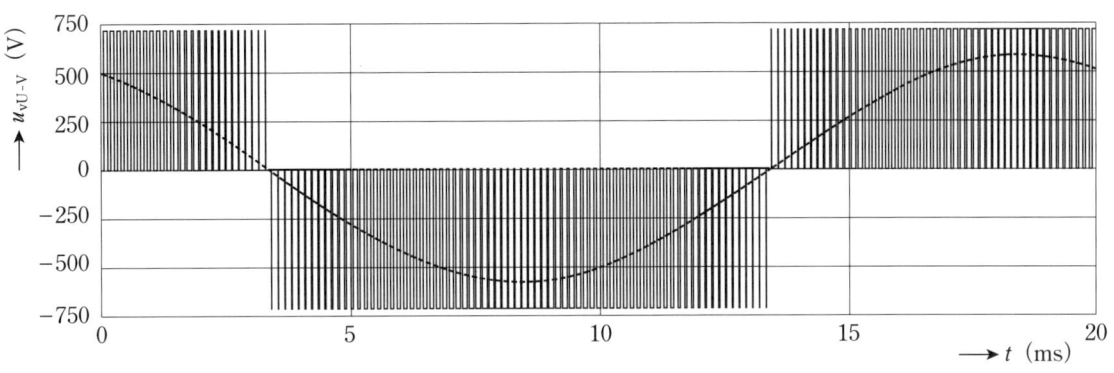

(b) U-V 相の線間電圧 $u_{vU\text{-}V}$ およびその基本波電圧

図7 変換器端子における相電圧 u_{vU-M} および線間電圧 u_{vU-V} の波形例（破線は基本波電圧）
（U_d = 720 V，f = 50 Hz，p = 75，K = 0.907 における例）

直流仮想中点 M は，交流回路の中点に接続されていないため，上記の相電圧は零相成分（コモンモード電圧）u_{CM} をもつ。

$$u_{CM} = \frac{u_{vU-M} + u_{vV-M} + u_{vW-M}}{3}$$

交流の中点が接地されている場合，または中点の対大地電圧が 0 とみなせる場合，u_{CM} は直流回路のコモンモード電圧に等しい。

$$u_{CM} = \frac{u_{dC} + u_{dD}}{2}$$

コモンモード電圧 u_{CM} の波形例を図8(a)に，また，u_{CM} を除いた，交流中点に対する相電圧波形 u_{vU-N} の例を図8(b)に示す。

変換器定格容量 10 kVA，定格交流電圧 400 V，定格交流電流 14.4 A を基準とした単位法表示でリアクタンス X_C = 6%および X_L = 1%（R_{SC} = 100）としたときの定格負荷時の変換器電流の波形 i_C の例を図9に示す［定格電流（基準電流）I_{vN} に対する比の値で示した。］。ただし，1%の抵抗を追加し，定格交流電流を通電するため，K を 0.9 とし，信号の位相を 4° 遅らせた。PWM パルス数 p またはリアクタンス X_C を大きくすれば，電流リプルは小さくなる。I_{vN} で正規化すれば，電流リプルは入力電力および力率を変えてもおおむねこのような波形となる。

なお，実際には一般に電圧利用率を向上できる 3 倍次数高調波重畳 PWM を用いることが多い。中間電圧二分の一重畳 PWM の信号およびキャリアの例を図10に示す。同じ変調率で入力正弦波信号の振幅を 1.15

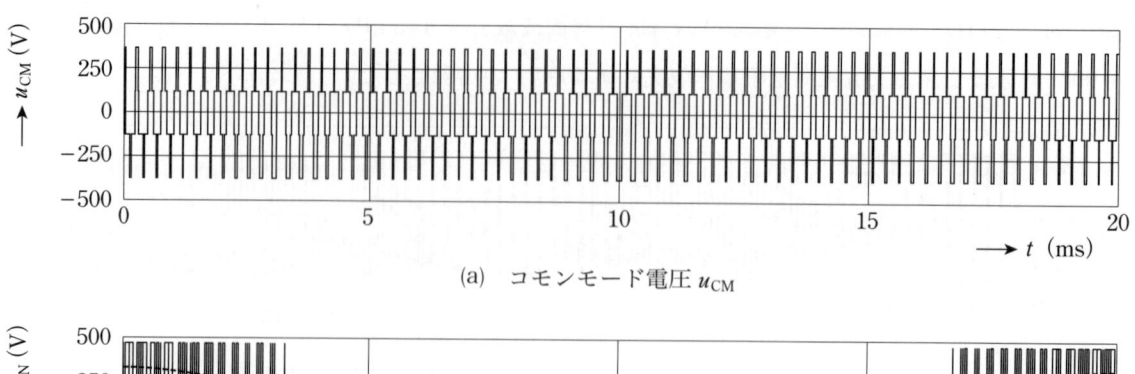

(a) コモンモード電圧 u_{CM}

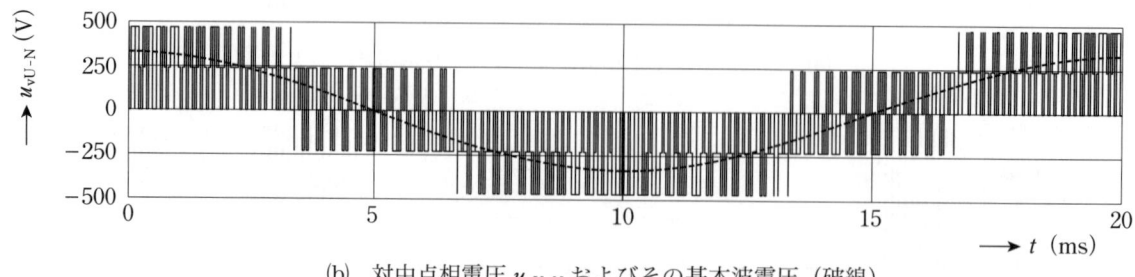

(b) 対中点相電圧 u_{vU-N} およびその基本波電圧（破線）

図8　コモンモード電圧 u_{CM} および相電圧 u_{vU-N} の波形例（$U_d = 720$ V, $f = 50$ Hz, $p = 75$, $K = 0.907$ における例）

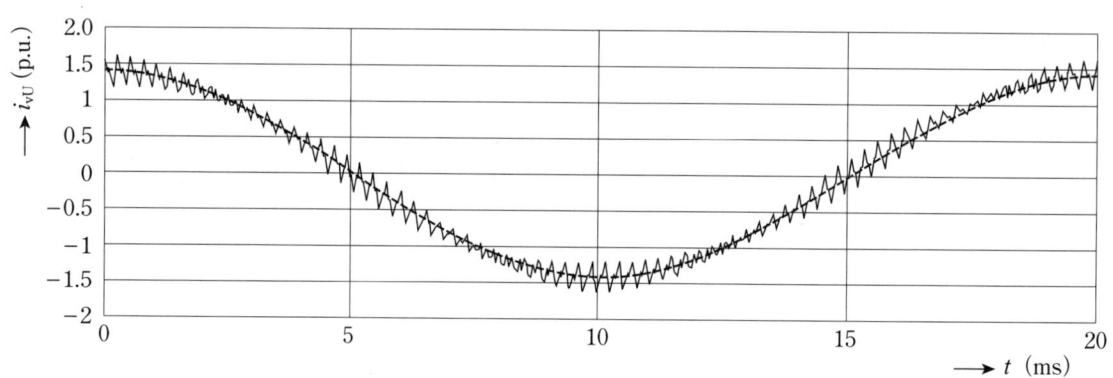

図9　変換器交流電流 I_v の波形例およびその基本波電流（破線）
（$f = 50$ Hz, $p = 75$, $K = 0.9$, $X_C = 6\%$, $R_{SC} = 100$ における例）

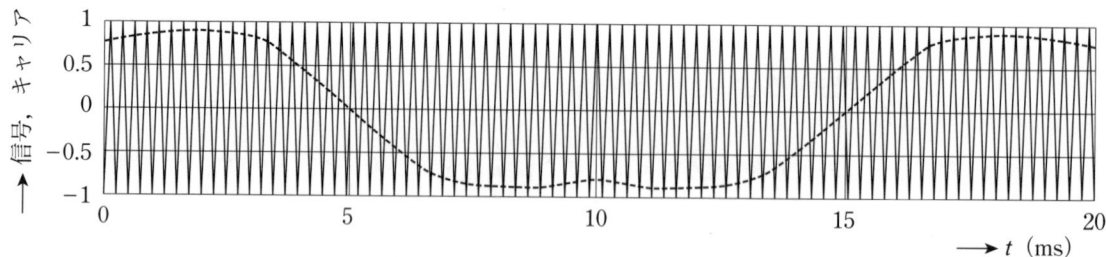

図10　中間電圧二分の一重畳PWM（$f = 50$ Hz, $p = 75$, $K = 0.9$ における例）

倍にでき，出力電圧を高くできる。ただし，相電圧には3倍次数の高調波が重畳しているため，用途によっては適用できない。

4.1.2　電力制御　交流電流，または有効および無効電力は，変調回路の変調率 K によって間接的に制御される。電圧に対する電流位相の4象限の全て（すなわち 0〜360°の全ての位相角）が出力可能である（**3.1.7** を参照）。

直流電圧を一定に制御した電圧形2レベルPWM AICの制御方式のブロック図の例を図11に示す。直流

電圧を一定に制御することによって，直流負荷電力および変換器損失との和に等しい交流電力が入力される。

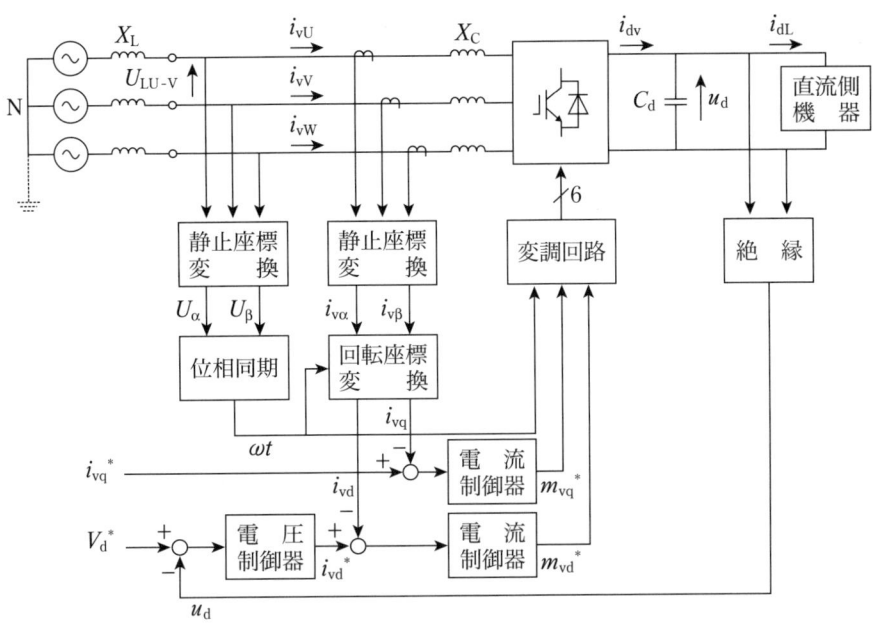

図11 電圧形2レベルPWM AICのブロック図

回転磁束形電気機械のベクトル制御と同様に，d軸成分が有効電流を示し，q軸成分が無効電流を示すようにdq変換された電流値が用いられる。直流電圧制御によって，直流出力電力に対応したd軸電流（有効電流）指令値 i_{vd}^* が決まる。またq軸電流（無効電流）指令値 i_{vq}^* は任意（通常0）である。これによって電源と同相（力率1）の電流が得られる。

適切な動作のためには，直流電圧の値は相間電圧の振幅より高くなければならず，また，使用される電子機器（バルブデバイス，コンデンサ）によって制限される最大直流電圧より低くなければならない。

4.1.3 動的性能 動的性能は主に電流制御の応答速度によって決定される。また，リアクタンス X_C によって電流制御に必要となる変換器の出力電圧振幅が決まり，電流の変化速度を大きくするにはより高い電圧が必要になるため，応答速度は直流電圧で制限される。なお，電力供給システムのインピーダンスが高い場合でも電流制御が適用されていれば動作が安定する。

リアクタンス X_C は，直流電圧の制限の下で高速な電流制御を実現するためには低い値がよいが，キャリア周波数成分によるリプル電流を抑制する必要があるため，一般的に5〜10%程度に選定することが多い。なお，過電流の抑制が必要な場合には20%程度にすることもある。

直流電圧が高いほど動的性能は向上するが，バルブデバイスおよびコンデンサのスイッチング損失およびコストもそれに伴って上昇する。このため，直流電圧は，相間電圧の所要振幅に対して数パーセントの余裕分をもつ程度に抑えて設定される。

直流コンデンサの容量は，次の2点から決定される。

(1) 電解コンデンサの寿命（電解コンデンサを用いた場合）
(2) 直流負荷の動的な挙動

直流負荷が急速に変化するような用途においては，直流電圧が過電圧となる恐れがある。直流電圧変動を低減するには，十分な大きさの静電容量が必要である。電解コンデンサを用いる場合，電流定格および寿命に基づいてサイズを決定すれば容量は十分であることが多い。しかし，フィルムコンデンサを用いる場合は

同じ静電容量の電解コンデンサに比べて電流定格が大きく，小さな静電容量のコンデンサでよいので直流電圧変動について特別な注意を払うことが必要である。直流電圧制御を高速化し安定化するには，直流負荷に流れる電流を検出し，これを電流制御の指令値に反映させるフィードフォワード制御を用いることもある。

4.1.4 交流電源に対する利点 電圧形 PWM AIC を特定の高調波補償に用いることが可能である。キャリア周波数が 2 kHz 以上であれば，これらの変換器は，追加のフィルタを用いなくても低周波数領域の規定された要求を満たしている。2 レベル変換器では，キャリア周波数の半分以下の周波数の高調波成分が十分に低い値になるように制御することができる。もう一つの利点は，電源電流の力率をほとんど 1，または容量性にも設定できるため，AIC の負荷の変動によって発生するフリッカが問題にならないようにすることができることである。電圧変動を抑制するのに最適な力率は，通常は誘導性である電力供給システムのインピーダンスに依存する。

4.1.5 交流電源に対する欠点 変換器電圧 u_{vU-V}，ならびに上記短絡比 R_{SC} およびリアクタンス X_C における電流 i_v の高調波解析結果を図 12 (a), (b) に示す。キャリア周波数 f_C の 3.75 kHz 付近で最大の高調波成分が発生する（周波数 $f_C \pm 2f$ の側帯波。f は電源周波数。解説 10 参照。）。キャリア周波数の整数倍付近にも高調波があり，高周波になるに従って減少する。これらの高調波成分は，交流電源と変換器との間に接続されるフィルタによって抑えることができる。

さらに，電源電圧および制御の誤差によって発生する低次の高調波も実際には現れる。直流電圧が変動すると，それにも起因して低次の高調波が現れる。

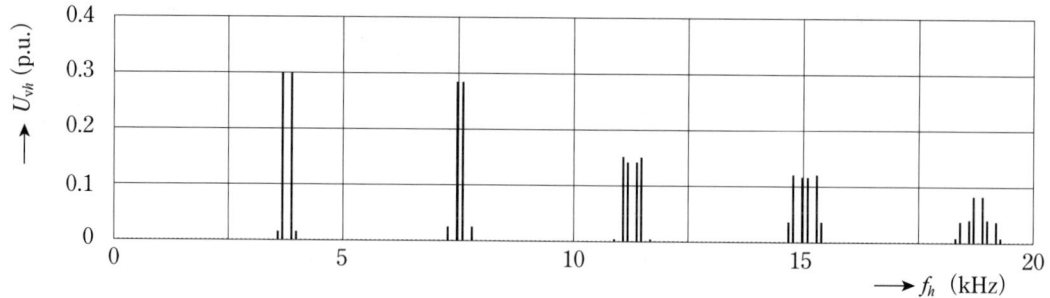

(a) 変換器交流電圧 U_v の高調波（基準電圧に対する p.u. 値。高調波比 R_h と同じ。）

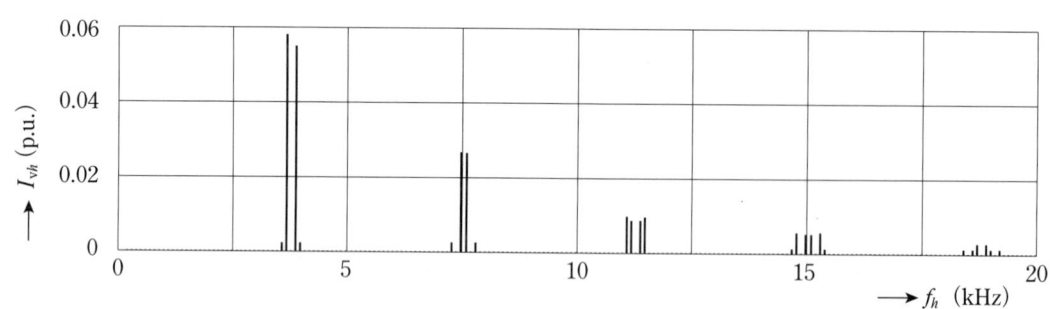

(b) 変換器交流電流 I_v の高調波（基準電流に対する p.u. 値）

図 12 交流電圧および電流の高調波成分の例（基本波は除く）
（$f = 50$ Hz，$p = 75$，$K = 0.9$，リアクタンス $X_C = 6\%$，$R_{SC} = 100$ における例）

なお，中間電圧二分の一重畳制御を用いたときには，基本波が大きくなるだけでなく高調波も小さくなって図 13 のように 3.75 kHz 付近の高調波比が約 2/3 倍になり，高調波電流も小さくなる。しかし，ほかの次数の成分が大きくなっている。

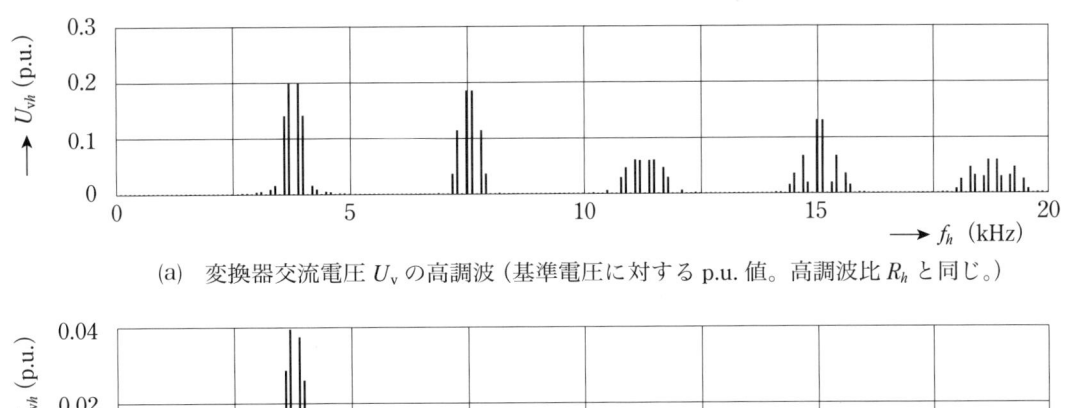

(a) 変換器交流電圧 U_v の高調波（基準電圧に対する p.u. 値。高調波比 R_h と同じ。）

(b) 変換器交流電流 I_v の高調波（基準電流に対する p.u. 値）

図 13　中間電圧二分の一重畳 PWM を用いたときの交流電圧および電流の高調波成分の例（基本波は除く）
（$f = 50$ Hz，$p = 75$，$K = 0.9$，リアクタンス $X_C = 6\%$，$R_{SC} = 100$ における例）

$X_C = 6\%$，$R_{SC} = 100$ の場合の交流端子電圧 $u_{LU\text{-}V}$ および $u_{LU\text{-}N}$ の波形の例を図 14 に示す。交流側が誘導性インピーダンスだけの場合，端子電圧 U_L は変換器電圧 U_v が無限大母線電圧との間で X_C と X_L（1%）とで分圧された波形になるので，U_L の高調波は，図 12(a)に対して $1/(1+6) = 1/7$ 倍になる。

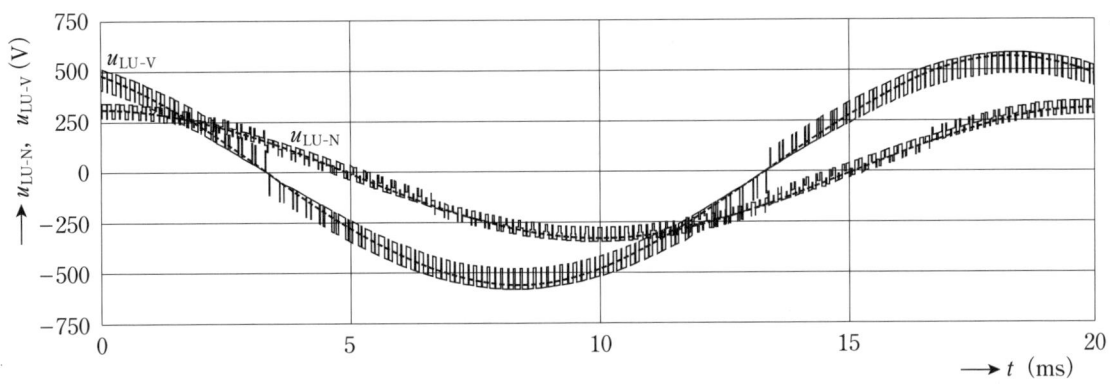

図 14　電圧 $U_{LU\text{-}N}$ および $U_{LU\text{-}V}$ の波形例（$U_d = 720$ V，$p = 75$，$K = 0.9$，$X_C = 6\%$，$R_{SC} = 100$ における例）

4.1.6　適用状況およびシステム面　電圧形 2 レベル PWM AIC は，交流電圧 U_v が 1 000 V クラスまでの用途での最も一般的な技術であり，可変速駆動システム用変換装置，無停電電源システム，太陽光発電システム，風力発電システム，電力用アクティブフィルタに用いられている。可変速駆動システムでは電動機からの回生エネルギーを処理する目的でも用いられている。

力率がほぼ 1 の正弦波（高調波が限度値以下の）電流にできる。バルブデバイスには一般的に IGBT が用いられる。高い周波数でスイッチングするのでスイッチング損失が大きくなり，サイリスタ変換器に比べて損失が 2 ～ 4 倍になる。その一方で，電源電流の実効値はコンデンサインプット形のダイオード整流器に比べ 20% 程度低減される。

4.1.7　電力用アクティブフィルタとしての運転　基本的な制御構成は図 11 に示すブロック図と同様であるが，電力用アクティブフィルタが出力する高調波電流指令が d 軸および q 軸電流指令に与えられる。なお，交流電源への障害はない。

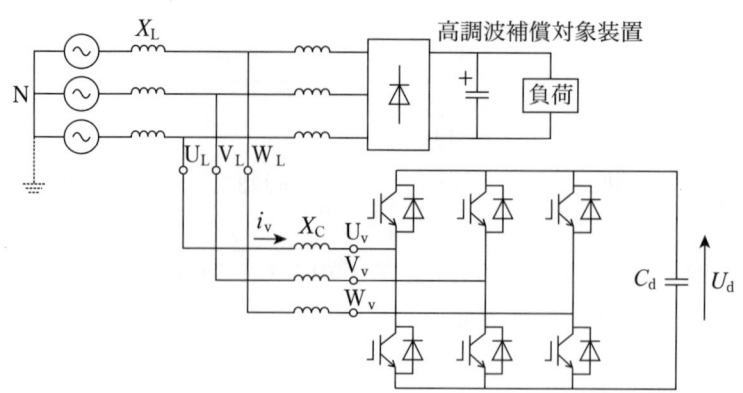

図 15 電圧形 2 レベル PWM AIC による電力用アクティブフィルタの変換接続

4.2 電圧形 3 レベル PWM AIC

4.2.1 一般的な機能および基本変換接続 3 レベル PWM AIC は，共通の中性点をもつ二つの直列接続された 2 レベル AIC の組合せと等価である。

その代表的な方式として，中性点クランプ（NPC）方式（図 16(a)），中性点スイッチ方式（図 17）およびフライングキャパシタ方式(解説vi)（図 18(a)）がある。これらは 3 レベル以上のマルチレベル変換接続にも適用される（解説 6 参照。いずれも現時点では実用的には 3 レベルに限定されている。）。

解説 vi 一般的に"flying capacitor"をそのまま日本語にして呼ばれているので"フライングキャパシタ"とした。ただし，当該コンデンサを呼ぶときは"コンデンサ"とした。

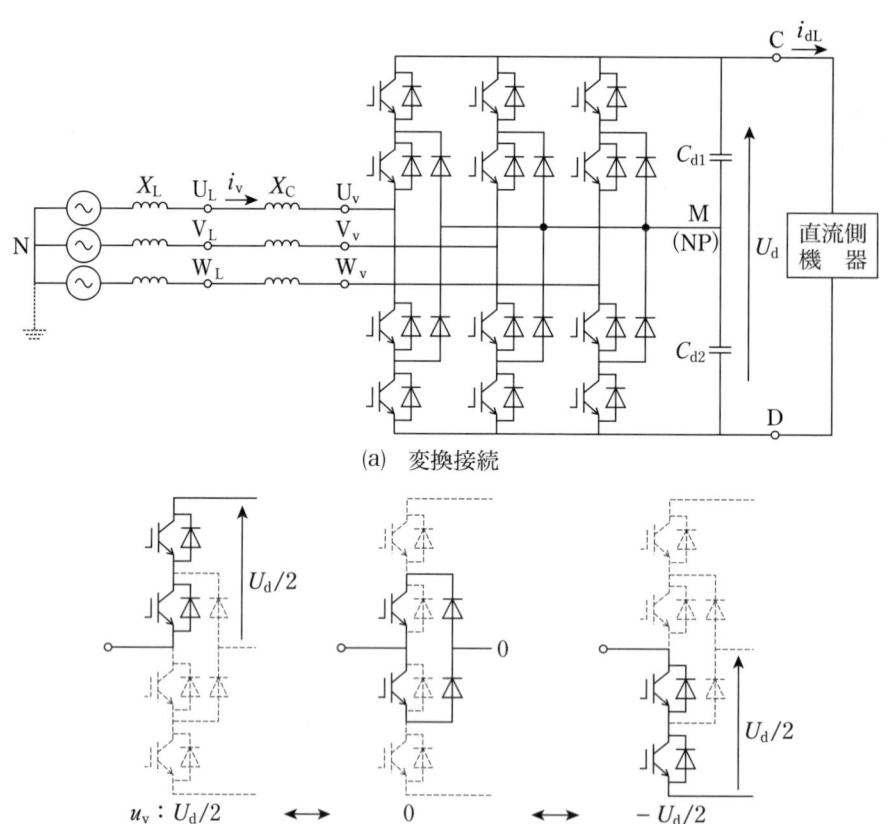

(a) 変換接続

備考 破線で示したバルブデバイスはオフ。実線で示したバルブデバイスは，電流の方向によって IGBT またはその逆並列ダイオードもしくはクランプダイオードのいずれかが通電する。

(b) スイッチング動作（端子電圧 u_v は直流中点 M に対する値）

図 16 中性点クランプ（NPC）方式

中性点クランプ方式ではそれぞれの直流コンデンサ（C_{d1}, C_{d2}）が同じ直流電圧 $U_d/2$ をもち，2レベル変換器を用いたシステムの倍の出力電圧をもつ。図16(b)に示すように実線で示したアームがオン，破線で示したアームがオフして実線で示す電流パスを生成する。電圧0のときはクランプダイオードを介して交流入力端子が直流中点M｛一般に，NP（Neutral point）と呼ばれている｝に接続されてクランプされるため中性点クランプ方式という。Mに対して $U_d/2$, 0, $-U_d/2$ の3レベルの電圧を交流端子に発生する。なお，合計直流コンデンサ電圧を一定とする制御のほかに，個々の直流コンデンサが同じ電圧になるような補助的な制御（コンデンサ電圧バランス制御）を同時に行う。

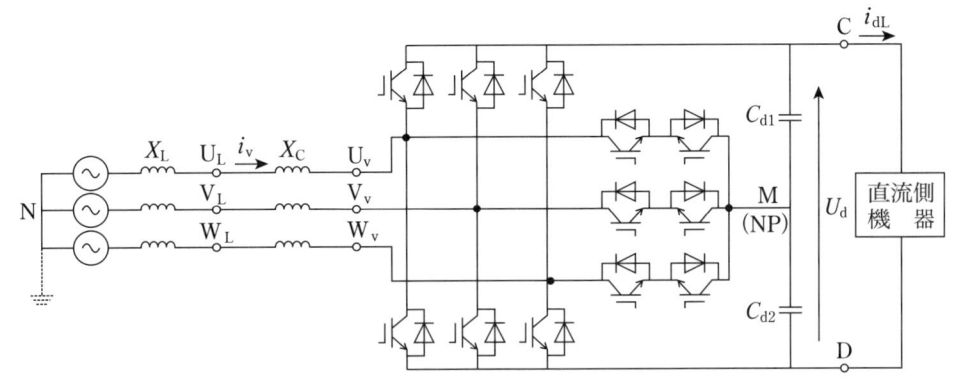

図17　中性点スイッチ方式

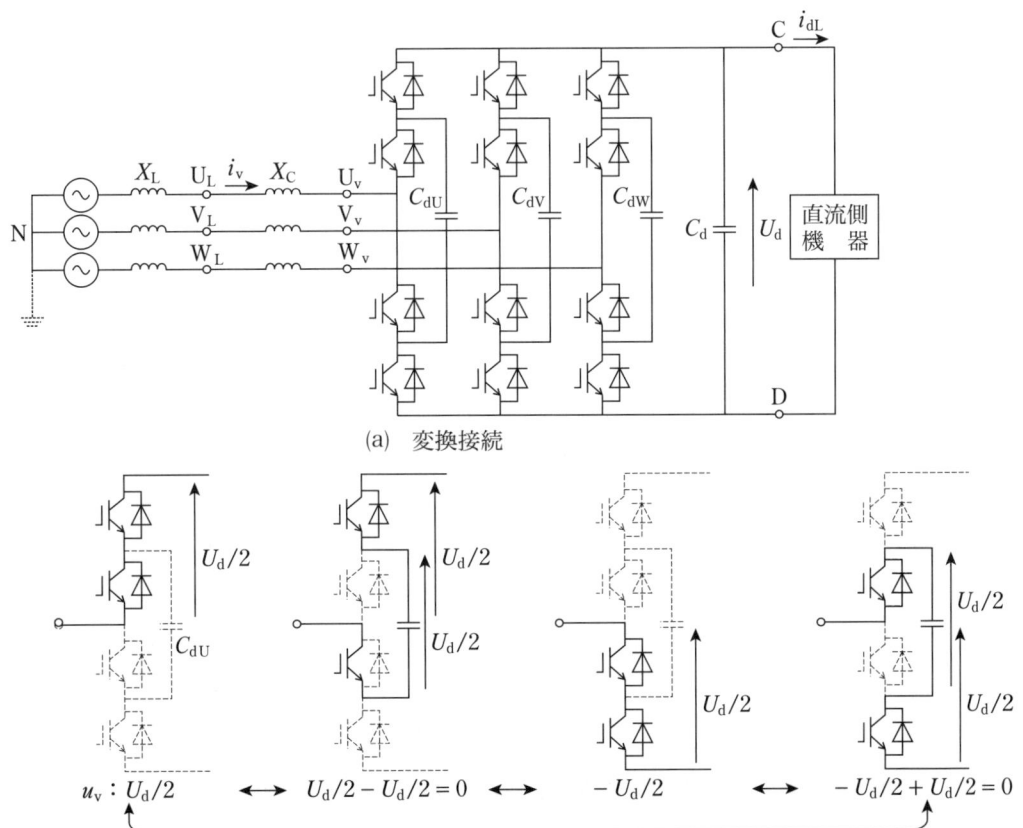

(a) 変換接続

備考　破線で示したバルブデバイスはオフ。実線で示したバルブデバイスは，電流の方向によってIGBTまたはその逆並列ダイオードのいずれかが通電する。相の直流コンデンサを通って通電したとき，交流端子電圧は0となる。

(b) スイッチング動作（端子電圧 u_v は直流仮想中点に対する値）

図18　フライングキャパシタ方式

中性点スイッチ方式も動作は中性点クランプ方式と同様である。電圧は2レベルAICと同じであるが，波形の改善および損失の低減の特長がある。

フライングキャパシタ方式では，アームを図18(b)に示すようにスイッチングする。実線のアームがオン，破線のアームがオフする。これによって実線で示す電流パスとなる。各相の直流コンデンサ C_{dU}, C_{dV} および C_{dW} は $U_d/2$ に充電されており，中性点クランプ方式と同様に $U_d/2$, 0, $-U_d/2$ の3レベルの電圧を発生する。なお，全体の直流コンデンサの電圧を所定の値とする制御のほかに，各相の直流コンデンサの電圧を所定の値とする補助的な制御を行う。

いずれの方式においても相電圧が中性点に対して3電位となり，線間電圧では線間では $\pm U_d$, $\pm U_d/2$, 0 の5レベルの電圧を出力する。線間電圧波形の例を図19に示す。

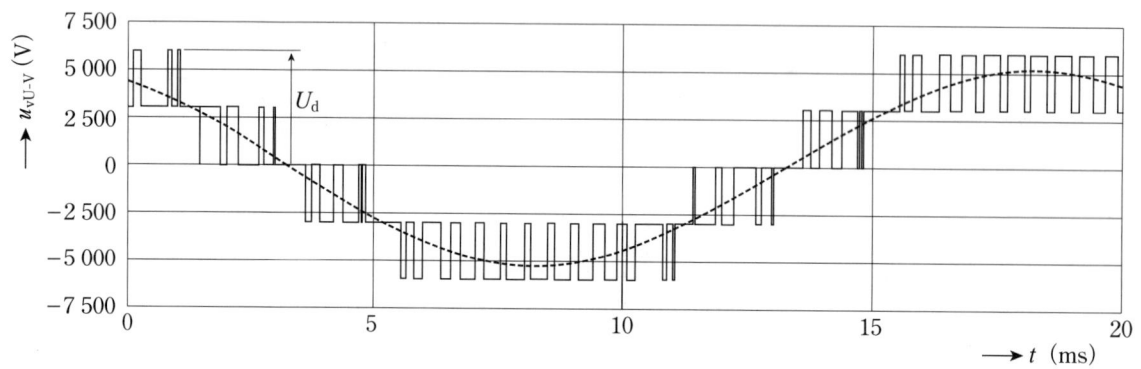

図19 3レベルPWM変換器の相間電圧 U_{vU-V} の波形およびその基本波（破線）
($U_d = 6\,000$ V, $f = 50$ Hz, $p = 21$, 変調率 $K = 0.87$, 中間電圧二分の一重畳PWMにおける例）

4.2.2 電力制御 市場で一般に入手可能で，6 kV程度の最大ピーク順方向阻止電圧をもつ適切なバルブデバイス［IGBT，GCT（ゲート転流サイリスタ）など］を用いることによって，出力電圧が3 kV以上で公称容量がおおむね10 MVAまでの電動機可変速駆動システム用AICが実現可能である。並列接続などによって，この方式では20 MVAおよびそれ以上の容量を扱うことも可能である。

大電流，高電圧用のバルブデバイスではスイッチング損失が大きく，キャリア周波数は一般的に1 kHz程度までである。

4.2.3 PWM制御方式 3レベルPWM AICのキャリア比較PWM制御方式は，ユニポーラ変調とダイポーラ変調とがある。

ユニポーラ変調は，図20に示すように正側および負側の二つのキャリアを用いて信号と比較する方式である。信号が正側のキャリアより大きいときは $U_d/2$, 負側のキャリアよりも小さいときは $-U_d/2$, それらの間のときは零の電圧とするように変換器をスイッチングする。なお，この図では動作が分かりやすいようにPWMパルス数 p を小さくし，$p = 15$（キャリア周波数 $f_C = p \times f$）の場合とした。

ダイポーラ変調は，図21に示すように一部を相互に逆極性の範囲まで拡大した二つのキャリアを用いる。ユニポーラ変調では大きな電圧まで出力できるが小さな電圧は出力しにくい。これに対してダイポーラ変調では電圧範囲が狭まるが小さな電圧まで制御できる特徴がある。

AICでは，常時は交流電源に連系して運転するので，通常，ユニポーラ変調を用いる。このほか，最適同期パルスパターン制御，空間ベクトル制御なども用いられ，用途に応じ適切な方式を選ぶ。2レベルAICと同様一般に3倍次数高調波重畳PWMなどを用いて電圧利用率を向上する。ただし，中性点クランプ方式で

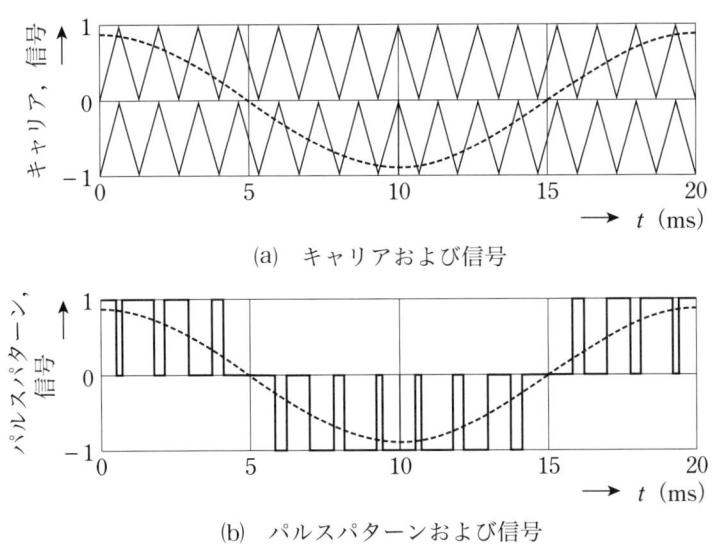

図20 3レベル PWM AIC のユニポーラ変調（$p = 15$，変調率 $K = 0.9$，$U_d = 2$）

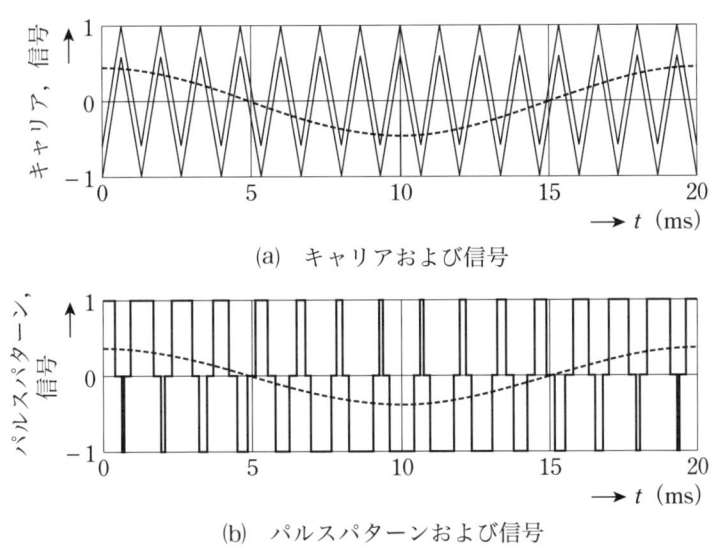

図21 ダイポーラ変調（$p = 15$，変調率 $K = 0.4$，$U_d = 2$）

は直流中点 M の電位が基本波の3倍の周波数で振動する。

4.2.4 動的特性 これらの可変速駆動システム用 AIC のデジタル制御は，通常，サンプリング時間 1 ms 以下の高性能のマイクロプロセッサによってマルチタスク処理される。これらのコントローラは，立ち上がり時間が例えば数十ミリ秒の速い制御応答ができることが特長である。急激な負荷変動に対する応答の例を図22 に示す。電流は 20 ms 以下で立ち上がっている。

4.2.5 交流電源に対する影響 3レベル AIC のキャリア周波数によって不要高調波の最低次数が決まる。適切な PWM 制御が行われることによって3レベル変換器の相電圧の変化は $U_d/2$ のステップとなる。電圧ステップによって漂遊容量を経由して流れる漏れ電流は，このため同じ U_d の2レベル変換器に比べて小さくなる。

直流電圧に対する電圧ステップ幅が2レベル AIC に比べて 50% となり，また発生する高調波の割合がそれ以上に小さくなるため，キャリア周波数を2レベル AIC と同じとした場合，交流電流のリプル（基本波を除いた脈動分）の振幅は，2レベル AIC の約 30% である。

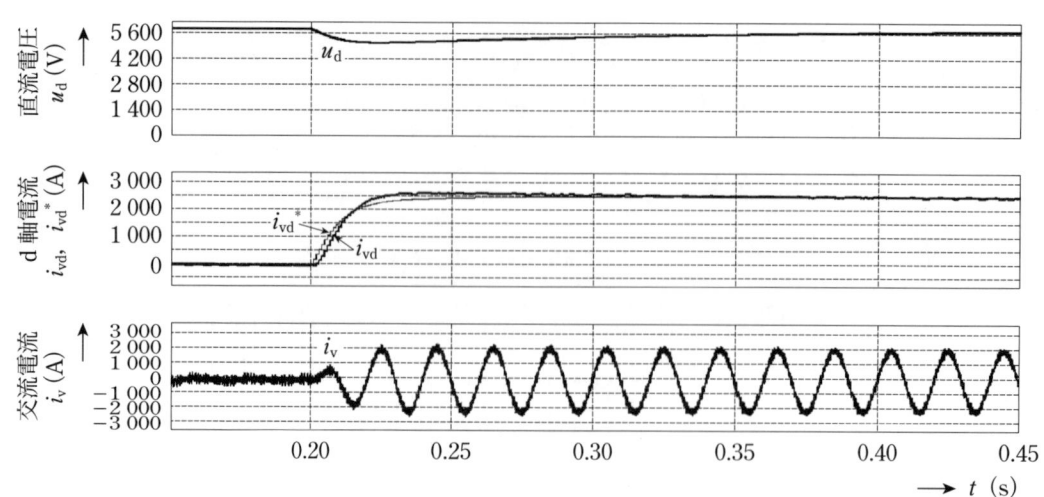

図22 9 MW 可変速駆動システムの3レベル AIC における急激な負荷変動の例

4.2.6 適用状況およびシステム面 3レベル AIC は主に大電力用途で用いられる。代表的な用途には，特に高応答が求められるプロセス用可変速駆動システム（鉄鋼圧延など）などが含まれ，大電力および低高調波の利点が活用されている。これらの高性能システムの効率は，少なくとも 96% 以上に達する。

高調波については，3レベル AIC は次の特性をもつ。最低次の高調波周波数は，キャリア周波数で決まり，2レベル変換器とほぼ同じであるが，大きさ（高調波比）は変換器端子で半分以下の 15% 程度であり，かなり小さくなる。変換装置の端子においては変換器端子での高調波電圧が電源側と変換器側とのリアクタンスで分圧されるため，追加のフィルタを用いなくても高調波比が十分に小さい。そのほかキャリア周波数の整数倍の高調波も生じるが，電流高調波への影響はリアクタンスで抑制されるためずっと小さい。

高調波電流の大きさは，変換器の交流側のインピーダンスおよびキャリア周波数によって決まり，負荷が変わってもほとんど変化しない。実質的に無視できる場合が多い。必要であれば，高調波電流は追加のフィルタによって低減することができる。

4.3 多重接続

大容量化するため，および交流電圧の高調波を変換器間で相殺して低減するため，複数の電圧形変換器をキャリア位相をずらして並列または直列に多重接続した変換装置が使われている。その例を示す。

4.3.1 変換装置用変圧器による直列多重接続 各変換器が発生する電圧を変圧器によって加え合わせて直列に多重接続する方式である。その例を図23に示す。2レベル変換器でもよいが，一般に大容量であるため3レベル変換器での例とした。

4.3.2 単相変換器の三相接続 単相変換器は2多重接続として動作する。これを三相の1相分とし3組組み合わせて三相変換器として利用する方式である。変圧器による多重接続と組み合わせた例を図24に示す。三相ブリッジによる2多重接続と比較して変圧器の容量が2倍となり，巻線数を減らせる利点がある。ただし，零相分が変圧器巻線に加わるので，その対策が必要である。2レベル変換器でもよいが，一般に大容量であるため3レベル変換器での例とした。

4.3.3 並列多重接続 相間リアクトルなどを用いて横流を抑制して多重接続する方式である。その例を図25に示す。この例では4群の変換器を多重接続している。容量を大きくするためにキャリアの位相を同一として単に並列接続した場合とは異なり，高調波が変換器間で相殺されるようにキャリアの位相を適切にずらして多重接続しており，これによって容量が大きくなるとともに全体で4多重となり，変圧器直列多重と

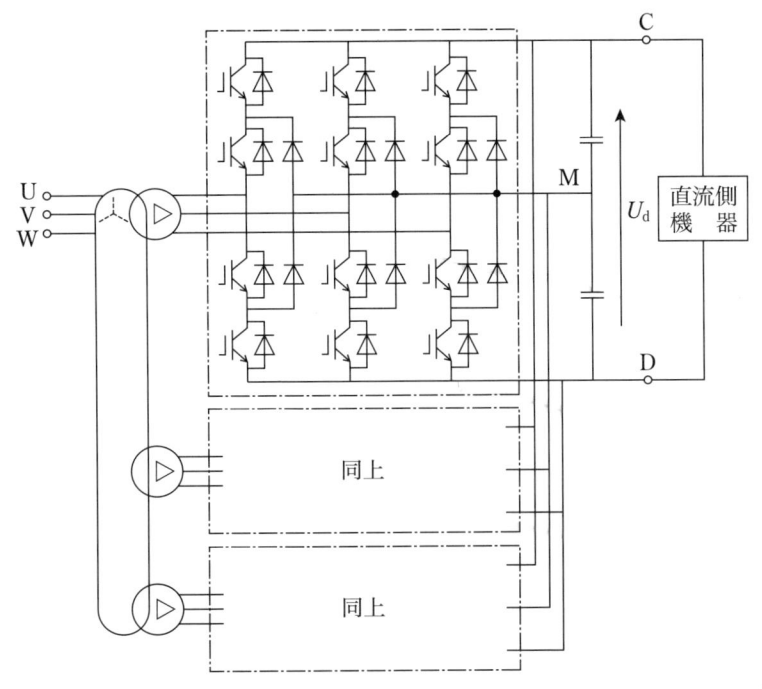

図23 変圧器による直列多重接続の例

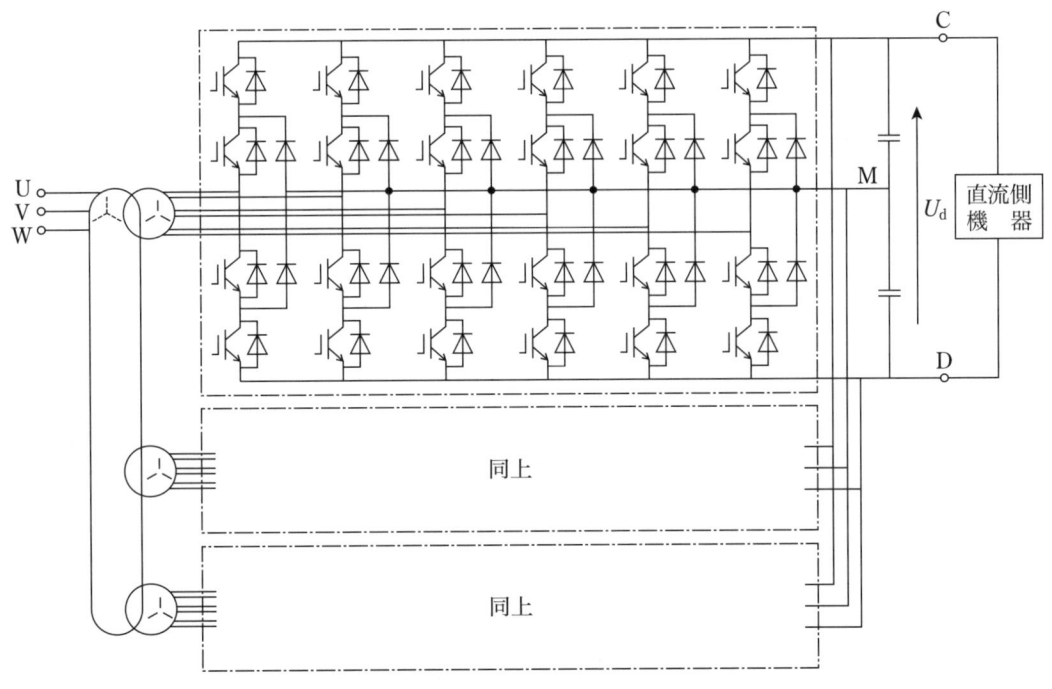

図24 単相変換器の三相接続の例

同様に動作する。

　並列多重の場合，各群で発生する交流電圧の高調波電圧（リプル）の位相が異なり，横流が流れるため，横流を抑制するため相間リアクトルが必須である。変圧器の漏れリアクタンスを大きくしてそれで代用することもできる。相間リアクトルの容量を小さくするためには各群が発生する高調波電圧を小さくするとともに高調波次数を高くする必要がある。キャリア周波数を高くするか，この例のように3レベル変換器を用いる。

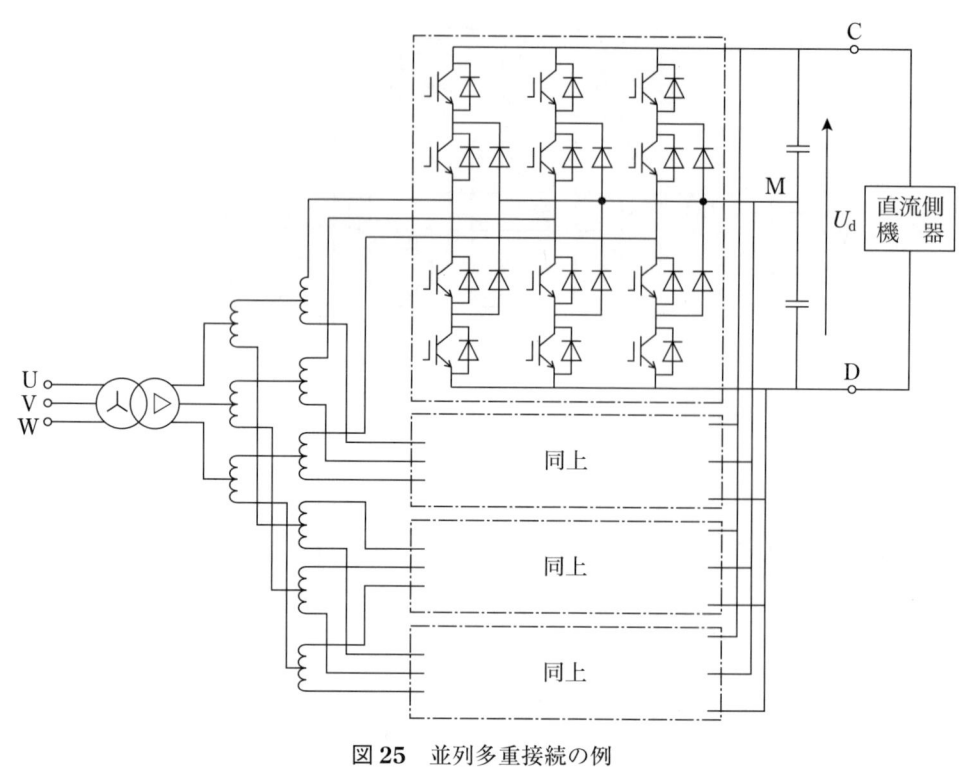

図25 並列多重接続の例

5. 各種能動連系変換装置

能動連系機能を特に活用した一般的な製品について規定する。製品名称は異なるが，解説14に説明するように類似の制御機能で動作する。

5.1 自励無効電力補償装置

電力会社で設置されるもののほか，鉄道会社で設置されるもの，一般需要家向けとして製鋼会社に設置されるものなどがある。

5.1.1 原理 オン・オフ制御が可能なバルブデバイスを用いた変換器を電力系統に連系し，無効電力を制御する。電圧変動の抑制，電圧安定度の向上，電力動揺の抑制などに用いる。

5.1.2 無効電力の出力範囲 適用される電力系統に応じて規定される。国内の電力系統用としては80 MVAまで出力可能な装置が設置されている例がある。

5.1.3 無効電力制御方式 自励無効電力補償装置の主回路構成および制御ブロックの例を図26に示す。また，仕様の例を表1に示す。主回路は図24と同様であり，バルブデバイスにGCT（ゲート転流サイリスタ）を用いている。直流過電圧に対する保護としてOV-GCT（過電圧保護回路）を備えている。無効電流は，系統電圧を基にスロープリアクタンス[解説14]に従って図示していない制御装置から指令される。有効電流は，直流電圧を一定にするように指令される。制御装置では，これらの指令値に追従するように無効および有効電流を制御する。なお，系統事故時の電圧ひずみ，多重変圧器における偏磁過電流などを検知したときは無効電流指令値を制限することによって，事故時の運転継続を図っている。

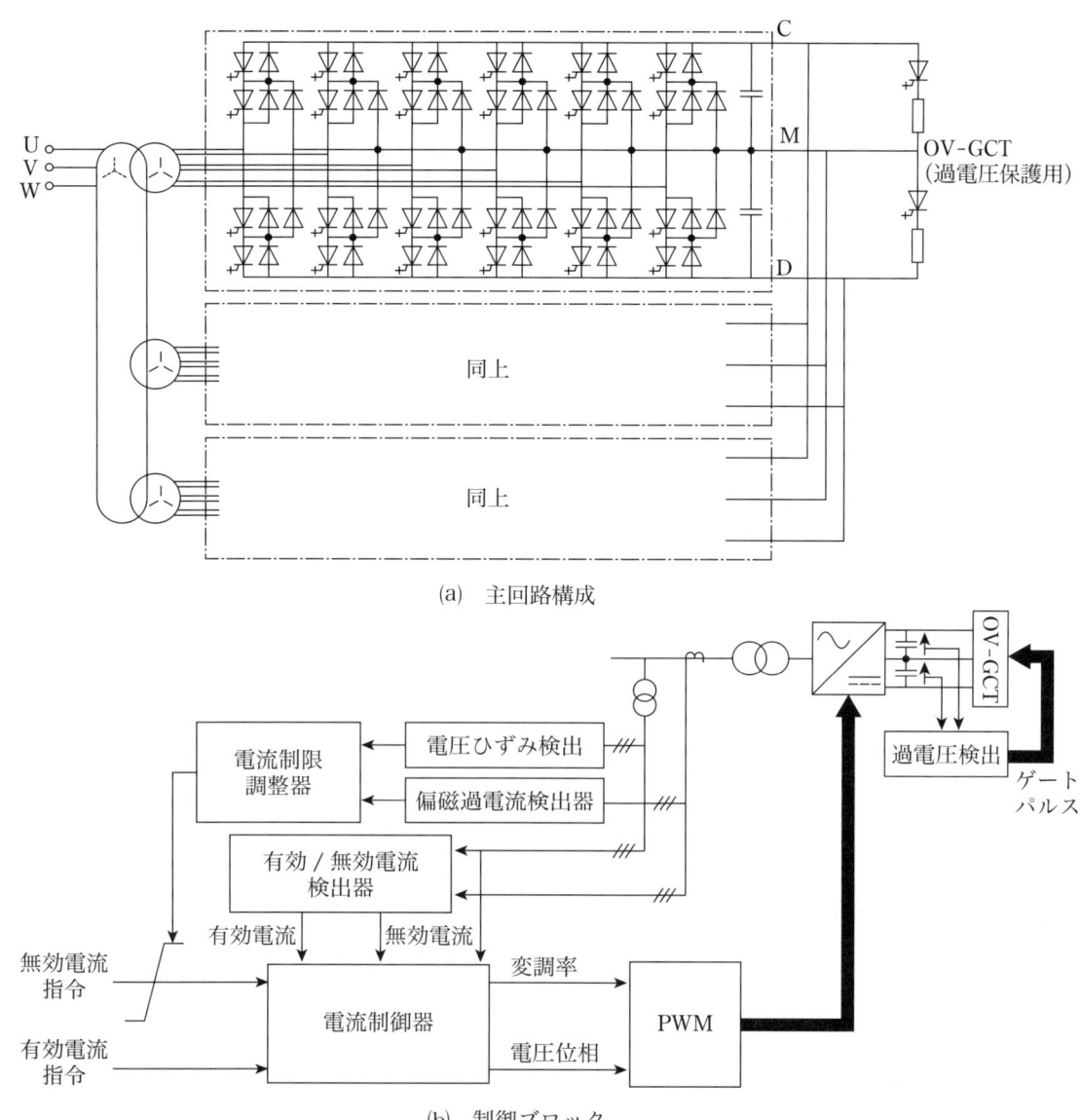

(a) 主回路構成

(b) 制御ブロック

図 26 自励無効電力補償装置の主回路構成および制御ブロックの例

表 1 自励無効電力補償装置の仕様例

GCT 変換器		変換装置用変圧器	
定格容量	80 MVA	方式	屋外，導油風冷式，外鉄形
定格交流電圧，電流	4 336 V，2 050 A	定格容量	80 MVA
変換器構成	単相 3 レベル×3 相×3 段多重	定格電圧	77 kV/($\sqrt{3}$ ×4 336) V
適用 GCT	GCT 6 000 V - 6 000 A	インピーダンス	13%
使用 GCT 数	72 個	変圧器結線	交流巻線：星形 3 直列 直流巻線：開放星形 3 並列
絶縁方式	屋内空気絶縁	制御保護装置	
冷却方式	純水循環風冷式	制御装置	デジタル 1 系列
変換器 PWM 制御方式	低次高調波低減方式 3 パルス PWM 制御*	保護装置	デジタル 1 系列
システム損失	1.2％以下		

注 * 最適同期パルスパターン制御の一種である。

5.2 自励フリッカ抑制装置

5.2.1 フリッカの評価 フリッカの評価は，国内では長い間 ΔV_{10} が用いられてきている。ただし，アーク炉用として開発されたため，風力発電など，ほかの原因による電圧変動を評価するのには適切でない面がある。海外では電圧変動の評価に IEC フリッカメータを取り入れており，国内でも国際整合化が必要である(解説vii)。

解説 vii ΔV_{10} は，電圧変動の各周波数成分に，人間が最もちらつきを感じるとされる 10 Hz の変動に等価換算する視感度フィルタで重み付けし，1 分間の実効値をとった値。1 分間に 1 回計測値が得られる。

IEC フリッカメータは，8.8 Hz ピークの視感度フィルタでウェイト付けした値を，残像現象を模擬する回路を通した後，10 分間の統計処理をして出力する。10 分間に 1 回計測値が得られる。

5.2.2 フリッカの限度値 フリッカに対する法的規制はないが，電気協同研究第 20 巻 8 号［"アーク炉による照明フリッカの許容値"，昭和 39（1964）］にて規制値を $\Delta V_{10} \leq 0.45$ としている。そのため，国内では ΔV_{10} の上限値を 0.45 とする場合が多い。IEC フリッカメータでは出力測定値 P_{st} の上限値を 1 としている。

5.2.3 フリッカ抑制性能 ΔV_{10} を用いたときのフリッカの抑制性能は，フリッカ改善度 α で表す。算出方法は，次による。IEC フリッカメータ測定値でも同様に評価できる。ただし，同じ電圧変動に対し，抑制装置ありなしの 2 条件でのフリッカ測定はできない。このため，具体的な評価方法は使用者と製造者との協定による。

$$\text{フリッカ改善度 } \alpha = \left(1 - \frac{\Delta V_{10\mathrm{FS}}}{\Delta V_{10\mathrm{F0}}}\right) \times 100$$

ここに，$\Delta V_{10\mathrm{F0}}$：抑制装置なしのときの ΔV_{10}

$\Delta V_{10\mathrm{FS}}$：抑制装置ありのときの ΔV_{10}

5.2.4 フリッカの抑制 従来，フリッカ抑制のための補償装置としてはサイリスタを用いたサイリスタ制御リアクトル（TCR）などの装置が一般的に適用されてきたが，現在では IGBT を適用した自励フリッカ抑制装置が主流となっている。IGBT を適用したフリッカ補償装置の例として，フリッカ抑制装置を用いたシステム構成の例を図 27 に，フリッカ抑制装置の回路構成の例を図 28 に，また，6 段多重とした別の装置の仕様の例を表 2 に示す。

図 27 のシステムは，製鋼用アーク炉に起因するフリッカを抑制するためのシステムである。図 27 において，フリッカ抑制装置は，アーク炉をもつ需要家の母線に接続されている。図 28 において，回路構成は IGBT を適用した単相変換器 3 台で三相変換器を構成しており，さらにこの変換器を変圧器によって 4 段多

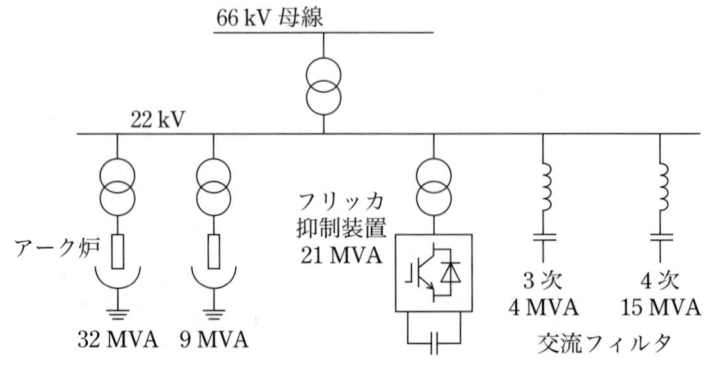

図 27 フリッカ抑制システム構成の例

重化した構成となっている。この例では，アーク炉から発生するフリッカを抑制し，ΔV_{10}を30％以下（$\alpha \geq 70\%$）に抑制している。制御方式は，系統電圧の変動要因であるアーク炉などの負荷電流を入力し，変動因子である基本波正相成分，逆相成分およびひずみ波成分を抽出する。それぞれの成分に対して，フリッカ抑制装置の設置目的に応じて最適な補償値を演算する。これらの補償値を加算して電流指令値を発生し，電流制御を行っている。さらに変換装置用変圧器の直流偏磁を防止するため，直流偏磁抑制制御を搭載している。これによってアーク炉などの負荷変動に応じてフリッカ抑制装置の出力を応答させ，高い補償性能を実現している。

表2 フリッカ抑制装置の仕様例

定格容量	31.5 MVA
定格直流電圧	2 500 V
定格交流電圧	1 350 V
定格交流電流	1 296 A
合成パルス周波数	390 Hz×2 相×6 段直列多重 = 4 680 Hz
直流コンデンサ容量	10 mF

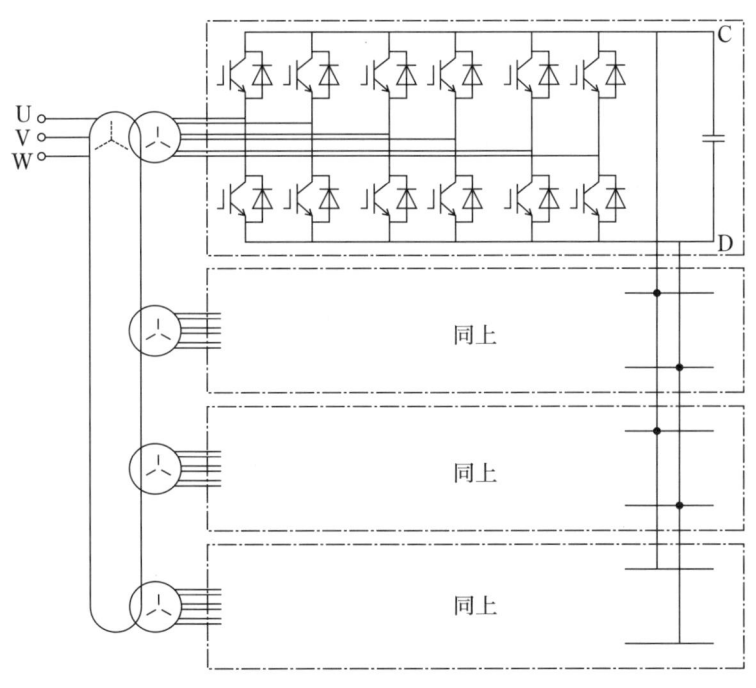

図28 フリッカ抑制装置の回路構成の例

5.3 アクティブフィルタ

5.3.1 原理
アクティブフィルタの基本構成を図29に，その原理を図30に示す。補償対象装置から発生する電流に含まれるh次の高調波電流$\dot{I}_{Ah}$を検出し，アクティブフィルタである自励変換装置でそれと逆位相の高調波電流（補償電流）$\dot{I}_{Fh}$を発生し，補償対象装置から発生した高調波電流を相殺することによって抑制する。

高調波電流に対して理想的な逆位相の補償電流$-\dot{I}_{Ah}$を発生できれば対象高調波電流を完全に抑制できるが，実際には制御の遅れで位相がθ_hだけ遅れた補償電流$\dot{I}_{Fh}$となる。このため図30に示すように相殺できなかった電流$\dot{I}_{Lh}$が交流電源に流出する。同じ制御の遅れであっても一般に高調波の次数が高くなるほど位相遅れが大きくなり，$\dot{I}_{Lh}$が大きくなる。このことを模式的な例によって図31で説明する。制御は電気角

で表した周期 δ ごとに行い，$\dot{I}_{Fh}$ は $-\dot{I}_{Ah}$ より δ だけ遅れるものとする。h 次高調波の周期は $2\pi/h$ であるので，この遅れの位相角は 5 次高調波に対しては $\theta_5 = 5\delta$，11 次高調波に対しては $\theta_{11} = 11\delta$ となる。高調波周波数に比例して位相遅れが大きくなり，$\dot{I}_{Fh}$ が大きくなる。このため，PWM パルス数だけでなく制御性能によっても補償可能な高調波次数の範囲が制限される。

このほか，制御誤差も流出高調波電流の原因となる。

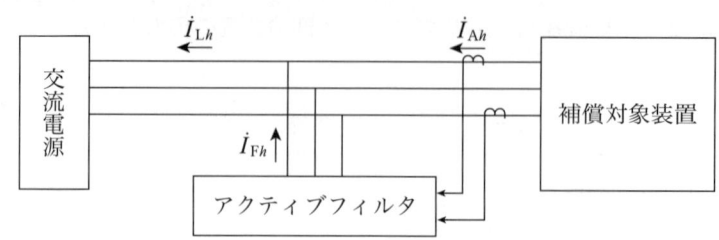

図 29　アクティブフィルタの基本構成

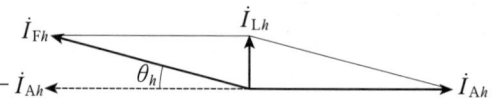

図 30　アクティブフィルタの原理（h 次高調波電流に関する各部電流の関係）

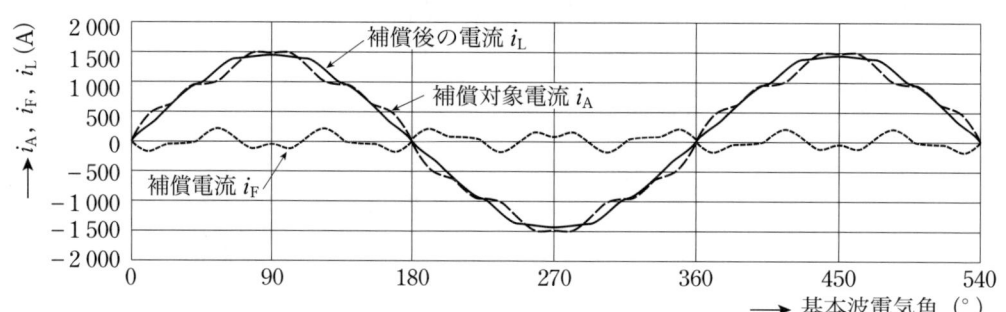

(a)　5 次（10％）および 11 次（5％）の高調波を含む補償対象電流（1 000 A）での動作例

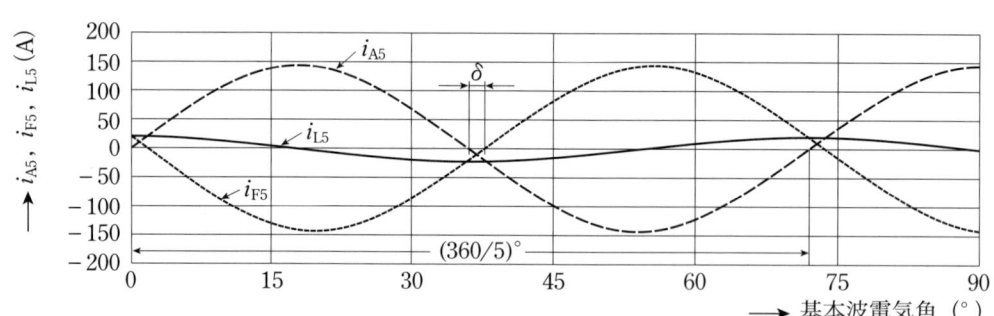

(b)　5 次高調波電流に対する動作

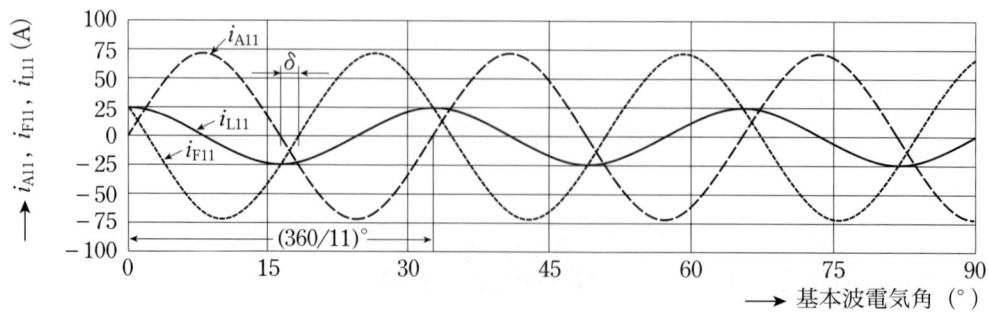

(c)　11 次高調波電流に対する動作

図 31　高調波次数に対する制御の遅れの影響（$\delta = 1.8°$ の場合の例）

5.3.2 対象高調波 7次までの高調波を抑制するもの，13次までの高調波を抑制するもの，25次までの高調波を抑制するものなど，各種のものがある。また，制御方式または主回路方式によって，特定の次数の高調波だけを抑制するもの，ある次数までの範囲の高調波（次数間高調波を含む）を一括して抑制するもの，次数ごとに選別して抑制するものなどがある。アクティブフィルタの仕様の例を表3に示す。

表3 アクティブフィルタの仕様例

補償容量	1 000 kVA
相数	三相3線
入力電圧	6 600 V ± 10%
周波数	50 Hz ± 5%
補償高調波次数	2 から 25 次
高調波補償率	定格出力時 85% 以上
冷却方式	風冷式（AF）

5.3.3 補償容量 補償容量（アクティブフィルタの容量）F_P は，アクティブフィルタが接続される交流電源電圧実効値 U_L と補償可能な高調波電流実効値（補償電流実効値）I_C とから決まる容量であり，三相の場合，次式で算出される。

$$F_P = \sqrt{3} U_L I_C$$

ここで，I_C は，アクティブフィルタの設計値であり，補償対象装置から発生する各次高調波電流 I_{Ah}（h はアクティブフィルタが対象とする高調波の全次数）の自乗和平方根より大きい値とする。

5.3.4 高調波抑制性能 アクティブフィルタの高調波の抑制性能は，高調波補償率または高調波残留率で表す。高調波補償率を用いることが望ましい。算出方法は，次による。

(1) 高調波補償率　アクティブフィルタによる高調波電流の補償抑制性能を示すもので，次式による。

(a) h 次高調波補償率 C_h

$$C_h = \left(1 - \frac{I_{Lh}}{I_{Ah}}\right) \times 100 \ (\%)$$

ここに，I_{Lh}：電源に流出する h 次高調波電流

I_{Ah}：補償対象装置から発生する h 次高調波電流

h：アクティブフィルタが対象とする高調波の次数

(b) 総合高調波補償率 C_T

$$C_T = \left(1 - \frac{\sqrt{\sum I_{Lh}^2}}{\sqrt{\sum I_{Ah}^2}}\right) \times 100 \ (\%)$$

ここに，h：アクティブフィルタが対象とする高調波の全次数

C_h および C_T は，通常アクティブフィルタの定格運転時の値として定義されている。定格運転時であることなど，指定時の運転条件を明確にすることが望ましい。

(2) 高調波残留率　アクティブフィルタによって抑制後に交流電源に流出する高調波電流の，補償対象装置から発生する高調波電流に対する比で，次の式で表される。

(a) h 次高調波残留率 R_h

$$R_h = \frac{I_{Lh}}{I_{Ah}} \times 100 \ (\%)$$

(b) 総合高調波残留率 R_T

$$R_T = \frac{\sqrt{\sum I_{Lh}^2}}{\sqrt{\sum I_{Ah}^2}} \times 100 \quad (\%)$$

R_h および R_T は，通常アクティブフィルタの定格運転時の値として定義されている。定格運転時であることなど，指定時の運転条件を明確にすることが望ましい。

5.3.5 補償容量の算出　補償対象装置に対して必要なアクティブフィルタの補償容量は，製造業者と使用者との協議によって決定することが望ましい。なお，高調波抑制対策技術指針では，アクティブフィルタに必要な補償容量を次の残留率を用いて算出することとしている。また，JEAG 9702 では補償容量 F_P の文字記号を C_P としている。

5次，7次　：20%
11次，13次：40%

5.3.6 アクティブフィルタ適用上の留意点　アクティブフィルタ適用上の留意点は次による。

(1) 対象高調波の次数（周波数）が高いほどアクティブフィルタの制御の追従性が低下する。高次高調波に対しては，補償率が低下し残留率が大きくなるので注意する必要がある。

(2) 高調波が限度値を超える場合は，補償対象装置にパッシブフィルタを設置するか，力率改善用コンデンサへの分流を考慮するなど，他の方法も検討する必要がある。なお，補償対象装置にパッシブフィルタまたは力率改善用コンデンサが含まれた場合，アクティブフィルタの補償動作が不安定になることがあり，検出箇所などについて製造業者と購入者との協議が必要である。

(3) アクティブフィルタのスイッチングに起因する高調波が周辺回路条件によっては低減されずに接続点に現れることがあり，注意が必要である。

(4) アクティブフィルタの残留率または補償率は，アクティブフィルタの性能によって異なる。製造業者への確認が必要である。また，これらは通常は定格運転時の数値であり，稼働率が低下すればこれらの数値も悪くなる。補償容量の選定には十分な配慮が必要である。

6. 使 用 状 態

6.1　使用環境

JEC-2440（自励半導体電力変換装置）による。当該製品の規格がある場合は，その規格による。

6.2　電磁環境

JEC-2440（自励半導体電力変換装置）による。当該製品の規格がある場合は，その規格による。

6.3　系統連系

分散形電源系統連系変換装置として商用電力系統に電力を供給する AIC は，JEC-2470（分散形電源系統連系用電力変換装置）による。JEC-2470 での系統連系の規定は，JEAC 9701（系統連系規程）に準拠している。分散形電源系統連系変換装置以外の AIC は，JEC-2440（自励半導体電力変換装置）による。当該製品の規格がある場合は，その規格による。

6.4 高調波

JIS C 61000-3-2［電磁両立性－第3-2部：限度値－高調波電流発生限度値（1相当たりの入力電流が20 A以下の機器）］が適用される，300 V以下で受電し1相当たりの定格電流が20 A以下の家電・汎用品として用いるAICの電源高調波は，JIS C 61000-3-2による。

600 Vを超える高電圧で受電する需要家が用いるAICは，JEAG 9702（高調波抑制対策技術指針）による。高調波流出電流の上限値を規定する契約電力として，AICの容量を用いるなど，個別に指定される場合は，その指定による。

6.5 高周波電磁両立性

AICは，この規格で規定した低周波のEMCだけでなく，一般の変換装置と同様に高周波のEMCについても配慮が必要である。EMCについては，JIS C 4431［パワーエレクトロニクス装置－電磁両立性（EMC）要求事項及び試験方法］または当該製品のEMC規格による。

6.6 安　全

AICは，直流側にエネルギー源を備えていることが多い。ない場合でも，電圧形変換装置であるので，一般に大容量の直流コンデンサを備えている。電源を切った後でも電気エネルギーが蓄積されており，感電に対する保護に十分な配慮が必要である。

感電に対する保護として電源を切った後に残留電荷を適切に放電させる。設置されたAICで，停止時に装置の充電部分に触れることが可能，または充電状態で工具を用いなくても覆いを外すことができるときは，コンデンサは5秒以内で放電し，残留電荷を50 μCまたは残留電圧を60 V以下とする。その対策が困難なときは警告ラベルを見易い場所に貼り，放電時間が5秒以上で感電の危険があることを示す。

上記以外の安全については，この規格では規定しない。当該製品の安全規格による。低電圧の変換システムの安全共通規格としてIEC 62477-1が制定されている。UPSおよび可変速駆動システムに対しては，それぞれIEC 62040-1およびIEC 61800-5-1が制定されている。

7. 試　　　験

7.1 一　般

AICは，JEC-2440 5.試験，または当該製品の規格で規定された自励変換装置の試験に加えて，能動連系に関して次に示す内から指定された性能を確認するための試験を行う。

7.2 能動連系に関する試験

この試験は，交流系統の条件を考慮して行う。シミュレーションなどで確認してもよい。工場で確認することが困難な場合は，計算または現地での実測でもよい。

7.2.1 無効電力制御に関する試験
指定の条件で，指定の範囲の無効電力で運転できることを確認する。力率で指定された場合は，力率が指定の値であることを確認する。

7.2.2 高調波に関する試験
定格または指定の条件で運転したときの高調波電流[1]が指定の限度値内にあることを確認する。ほかの機器から発生する高調波電流を含めて限度値内にあることを指定された場合は，

それを満足していることを確認する。

注(1) 高調波電圧で指定された場合は，高調波電圧で確認する。

7.3 自励無効電力補償装置

指定された無効電力補償特性をシミュレーションなどで確認する以外に，運転開始後の性能の検証を目的として現地で次の試験を行う。変換装置の始動・停止，設定値変更に対する追従性などを確認する基本動作確認試験と，交流系統での各種外乱に対する変換装置の安定性を確認する運転継続性能確認試験とに分類される。試験方法は，製造業者と購入者との協定による。

7.3.1 基本動作確認試験

(1) 始動停止試験　実系統において，実証試験設備の基本制御性能である始動および停止操作を行い，安定に運転して制御性能を満足することを確認する。

(2) 各種設定値変更試験　無効電力設定値，交流電圧設定値などの変更に対して，正確かつ高速に制御できることを確認する。

(3) 無効電力反転試験　無効電力の進み・遅れの切換えに対して，所定の精度および応答速度で制御できることを確認する。

(4) 高調波測定　定格運転中の発生高調波が各端子とも限度値以下であることを確認する。

(5) 温度上昇測定　変換器および変換装置用変圧器の冷却性能が正常であることを確認する。

(6) 損失測定　変換器および変換装置用変圧器で発生する損失をそれぞれ算定する。

7.3.2 運転継続性能確認試験
電力用コンデンサの開閉，隣接変圧器の投入などによって変換装置に各種外乱を加え，安定に運転できることを確認する。用途および必要性に応じて製造業者と使用者との間で詳細を取り決めて行う。

7.4 自励フリッカ抑制装置

7.4.1 基本動作確認試験　7.3.1 基本動作確認試験 と同じ。

7.4.2 フリッカ評価試験　指定された箇所のフリッカを確認する。抑制性能（フリッカ改善度 α）およびその測定方法は，製造業者と購入者との協定による。

7.5 アクティブフィルタ

7.5.1 特性試験　高調波発生器によって発生した高調波電流から，総合高調波補償率を算出する。発生させる次数およびその次数の高調波電流値は，製造業者と購入者との協定による。特定次数ごとに実施としてもよい。その場合，形式試験では補償対象の全次数または代表次数で行い，ルーチン試験では一部の次数だけとしてもよい。

(1) 各次の高調波電流が協定した値となるように高調波発生器を調整する。

(2) 高調波発生器の電流 I_{Ah} およびアクティブフィルタによって高調波が抑制された電源側電流 I_{Lh} の波形を同時に測定し，**5.3.4**(1)(a)によって対象とする次数 h の高調波補償率 C_h を求める。

(3) 各次数の高調波補償率から **5.3.4**(1)(b) によって総合高調波補償率 C_T を算出する。

(4) C_h および C_T が指定の値以上であることを確認する。

7.6 その他

(1) コンデンサ放電試験　安全に関して，直流コンデンサの放電を確認する。回路の中に複数のコンデンサが接続されている場合は，すべてのコンデンサに対して確認する。試験ができないときは，装置の電源を切っ

てから5秒後の残留電荷または残留電圧の計算を行う。
(2) その他の試験　通常の変換装置の試験に加えて，次の試験を行う。シミュレーションなどによる確認でもよい。
- 非対称電源電圧時の運転動作
- 交流電源過電圧および不足電圧の場合の保護停止
- 電源電圧の瞬断および短時間電圧低下の場合の運転動作（個別の指定による。）
- AICの電源側端子における短絡保護（瞬時過電流に対する保護停止）
- 過電流および直流過電圧に対する保護停止（直流電圧は，許容できない値まで上げない。）
- エネルギー回生中の交流電源事故発生時の交流電源からの切離し

8. 表　　示

　表示は，AICにおいてもJEC-2440 6.表示 による。ここには，能動連系機能を活用した製品である自励無効電力補償装置，自励フリッカ抑制装置およびアクティブフィルタについて特に取り上げ，銘板記載事項に記載する事項をJEC-2440 6.2銘板記載事項 を基に規定する。

8.1　一般事項
(1) 機器の名称
(2) 規格番号　　JEC-2440-2005[1]および必要に応じてJEC-2441-2012
(3) 電流定格の種類
(4) 形　式（製造業者が定める。）
(5) 製造業者名
(6) 製造番号（製造業者が定める。）
(7) 製造年（西暦）
　　注[1]　規格番号は，自励変換装置としてJEC-2440-2005とする。改正された場合は，その改正年とする。製品規格がある場合は，その規格番号とする。特に能動連系機能を表示する場合にJEC-2441-2012も表示する。

8.2　仕様事項
(1) 定格容量または定格無効電力。アクティブフィルタの場合は定格補償容量（kV·A，MV·A，kVAもしくはMVA，またはkvarもしくはMvar）　　進みと遅れとで異なる場合はそれぞれを記載する。
(2) 定格交流電圧（VまたはkV）
(3) 定格周波数（Hz）
(4) 相　数（および必要によって線数）
(5) 定格直流電圧（VまたはkV）　　特に必要な場合だけ。
(6) 接続の種類
(7) 冷却方式
(8) 質　量（kg）（冷却用液体の質量を含む。）

(9)　**8.3** の必要によって記載する事項

8.3　必要によって記載する事項

(1)　定格交流電圧範囲

(2)　電源の最大短絡電流実効値

(3)　冷却条件（温度，冷却用液体の流量など。）

(4)　保護構造の種類

(5)　その他必要な事項　　制御方式などその他必要な事項があれば使用者と製造者との協定によって記載する。

附　属　書

附属書1. 照会または注文の際に指定することが望ましい事項

1. 共通事項

　AICは，自励変換装置であり，照会または注文の際にはJEC-2440または各種製品規格に従って仕様書に必要事項を指定すればよい。ここには，この規格で規定した自励無効電力補償装置，自励フリッカ抑制装置およびアクティブフィルタに関して特に示す。それらに共通の事項は，次のとおりであり，JEC-2440 附属書1.照会または注文の際に指定する事項 の1.一般事項 などとほぼ同じである。必要事項を選んで指定する。

　1.1　一般事項

　（1）　名　　称

　（2）　用　　途

　（3）　適用規格 JEC-2440，JEC-2441 およびその他の必要な規格

　（4）　使用状態（JEC-2440 3.使用状態 を参照。）

　（5）　電流定格の種類（JEC-2440 4.3 電流定格 を参照。）

　（6）　構造および冷却方法に関する事項

　（7）　附属品および予備品

　（8）　その他必要事項　　必要に応じて，例えば次のような事項を記載する。

　　（a）　設置場所の屋内外の別

　　（b）　搬入および据付け上の制約

　　（c）　保守上の制約

　　（d）　将来の増設計画

　　（e）　特に高い信頼度を必要とする場合

　　（f）　特に耐震性を必要とする場合

　　（g）　放射線管理区域に設置される場合

　1.2　機器の仕様事項

　（1）　定格容量または定格無効電力

　（2）　定格交流電圧

　（3）　定格周波数

　（4）　相数および必要によって線数

　（5）　必要に応じて，損失，ならびに連系される交流電源の条件

　　（a）　交流電源の電圧および周波数の変化範囲

　　（b）　交流電源の電源容量，インピーダンス，電圧波形および電圧不平衡の程度

⑹ 交流電源の最大短絡電流

⑺ 高調波電圧または電流の限度値

⑻ 冷却方式

⑼ 並列運転を行う場合は，その必要事項

⑽ 輸送条件，許容最大寸法，質量など。

⑾ その他必要事項　　必要に応じて追加試験項目，接地抵抗値など。

2. 自励無効電力補償装置

自励無効電力補償装置について照会または注文するときには，**1.** に記載した共通事項のほかに次の事項を記載することが望ましい。

⑴ 補償対象機器に関する事項　　補償電流の波形，変化範囲，変化速度など。

⑵ 補償方式　　補償電流の設定方式，応答速度などを含む。

⑶ その他　　特殊な仕様などがあれば，記載する。

3. 自励フリッカ抑制装置

自励フリッカ抑制装置について照会または注文するときは，**1.** に記載した共通事項のほかに次の事項を記載することが望ましい。

⑴ フリッカ限度値

⑵ 要求性能

⑶ 装置性能

⑷ システム構成

⑸ 負荷条件

⑹ 制御方式

⑺ システム保護

⑻ 評価手法

⑼ 現地確認項目

⑽ その他　　特殊な仕様などがあれば，記載する。

4. アクティブフィルタ

アクティブフィルタについて照会または注文するときは，**1.** に記載した共通事項のほかに次の事項を記載することが望ましい。

⑴ 契約電力

⑵ 高調波抑制対象装置の種類・入力容量

⑶ 高調波抑制対象装置から発生する各次高調波電流［**JEAG 9702**（高調波抑制対策技術指針）に示された回路分類細分 No. が望ましい。］

⑷ 接続点の各次高調波電圧および周波数

⑸ 接続点からみた交流電源側のインピーダンス

⑹ 力率改善用コンデンサ許容容量

⑺ 接続点の各次高調波電圧の上限値

⑻ その他　　特殊な仕様などがあれば，記載する。

解　　　　説

解説1．能動連系変換装置

能動連系変換装置の例をあげる。

1. 無停電電源システム（UPS）

   逆変換器だけでなく順変換器にも自励PWM変換器を用いたUPSが国内では広く用いられている。その自励順変換器は，順変換しか行わないが，原理的には逆変換も可能であり，入力力率は1としている。高調波は，容量・用途に応じてJIS C 61000-3-2または高調波抑制対策技術指針JEAG 9702を満たしている。UPSの自励順変換器は，AICである。

2. 可変速駆動システム（PDS）

   駆動モジュール（CDM）の順変換器に自励PWM変換器を用いた交流可変速駆動システムも広く用いられている。鉄鋼用，エレベータ用などのPDSで，可逆運転し，過渡的または連続的に回生運転するCDMの順変換器は，ほとんどが自励PWM変換器であり，一般に力率1で運転し，高調波の条件も満たして，AICである。

3. 分散形電源系統連系用電力変換装置

   ［分散形電源］系統連系［用］［電力］変換装置は，蓄電装置がある場合を除いて，UPSの順変換器とは逆に逆変換だけを行う。自励の場合は，系統連系自励逆変換装置であり，AICでなければならない。

4. 自励無効電力補償装置

   負荷に起因して無効電力が発生すると，電圧変動，力率低下などの原因となる。主として，変動する無効電力を補償し，電圧変動を抑制して力率を改善するために無効電力補償装置が用いられる。電力系統では電圧変動を抑制し，安定度を改善するためなどに用いられる。自励無効電力補償装置として用いられる電圧形自励PWM変換器は，AICである。

   なお，以下の装置は，制御対象として変化が速い無効電流か，高調波電流か，または不平衡電流かという違いだけであって，目的によって補償内容が異なるだけである。このため，1台の変換装置で複数の機能を備えている場合が多い。このため，すべてを代表して自励無効電力補償装置ということもある。

5. 自励フリッカ抑制装置

   フリッカは，アーク炉などの変動が大きく力率が低い負荷に起因して発生する。負荷電流には大きな逆相電流が含まれていることも多い。フリッカ抑制装置は，急変する負荷の無効電流成分および逆相電流成分を補償してフリッカを抑制する装置である。

   フリッカ抑制では，急変する電流を制御するので，側帯波としての分数次高調波または次数間高調波を抑制するように制御していると考えることもできる。このため，実質的には無効電力補償，不平衡電力補償，能動フィルタの機能をすべて備えている。逆にアクティブフィルタであってもフリッカ抑制装置として適用できることが多い。

6. 電力用アクティブフィルタ

　　負荷電流の内の高調波電流を検出し，それを相殺するように電流を出力して電源系統に流出する高調波を抑制する AIC である．

7. 自励不平衡電力補償装置

　　三相不平衡負荷に対して逆相電流成分を検出し，それを相殺するように変換装置から電流を出力することによって平衡負荷となるように補償する AIC である．例えばスコット変圧器などを用いて単相で交流き電した鉄道では，二つの単相負荷の変化によって不平衡が変化し，電圧変動などの原因となる．そのときの不平衡を補償する．同時に正相に対して無効電力も補償できる．場合によってはアクティブフィルタとして機能することもできる．

　このように，電源系統に接続された自励 PWM 変換装置のほとんどは AIC である．この規格は，AIC の能動連系について規定した．すべての電圧形 PWM AIC に対して当該製品規格に追加して適用できる．特に無効電力または高調波に対して制御を行う AIC である自励無効電力補償装置，自励フリッカ抑制装置および電力用アクティブフィルタに対しては，JEC-2440 に補足して製品規格として適用できる．

解説 2. 電圧形 F3E 変換装置

　電圧形 F3E 変換装置（F3E：fundamental frequency front end）は，通常のダイオードブリッジ整流器のダイオードに逆並列に IGBT を接続した変換装置である．順変換のときはダイオード整流器として動作し，逆変換を行うときに順変換時のダイオードの動作に同期して対応する IGBT を通電させるだけであり，構成，制御とも簡単である．スイッチング損失も小さい．

　順変換器に F3E を適用した可変速駆動用変換装置の主回路構成例を解説 2 図 1 に示す．電動機の制動用のチョッパおよび抵抗器が F3E 順変換器に置き換えられる．通常，直流リンクコンデンサは，インバータの PWM 制御によって流れるリプルの大きな PWM 電流を供給するため，電解コンデンサが用いられる．F3E を適用したとき，この直流リンクコンデンサは，不要か，または小容量でよい．代わりに容量の小さな交流フィルタに置き換えられ，フィルムコンデンサを用いることができる．フィルタは，インバータの PWM 電流に起因する電圧ひずみを抑制するように設計する．

　F3E 順変換器と PWM インバータとによる可変速駆動用変換装置は，ダイオード整流器に電解コンデンサおよび制動用チョッパを用いた可変速駆動装置と比較して次の利点がある．

・回生運転ができる．

・コンデンサインプット形整流器に比べて高調波が小さく，入力リアクトルがほとんど必要ない．

・電解コンデンサが不要で長寿命である．

　しかし，インバータでは出力電圧が若干低くなる，PWM パルス周波数を高くする必要がある，制御に注意が必要になる，また，フィルタでは抵抗の損失が生じるといった欠点もある．

　IEC/TS 62578 では系統に連系した F3E 変換装置も AIC として扱っている．しかし，力率を制御できず，また，他励変換装置と同程度の割合の高調波電流を発生する．このため，AIC ではないと判断し，この規格では解説に

記載するだけとした。

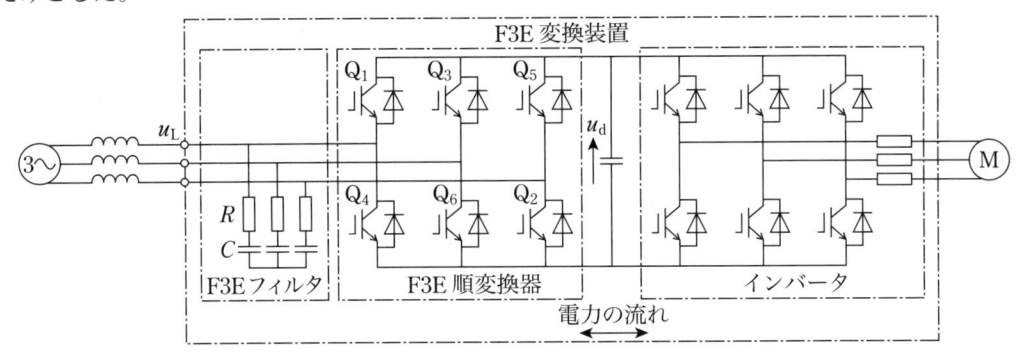

(a) F3E変換器の回路構成

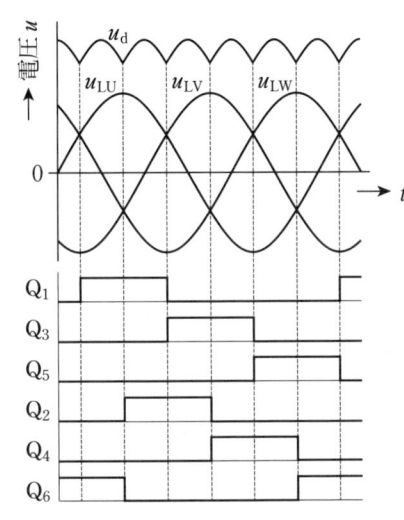

(b) F3E変換器のスイッチング

解説2図1　F3E変換器の基本変換接続

解説3. パルスチョッパ形PWM変換装置

　パルスチョッパ［形PWM変換装置］は，単相交流を入力として，PWM制御されたチョッピング動作によって交流変換または交直変換を行う変換装置である。特に交直変換パルスチョッパは，PFC（power factor corrector：力率補正）変換装置とも呼ばれている。この交直変換パルスチョッパは，TV，オフィス機器，一般家電機器などの電源部に広く用いられているが，通常は，順変換しかできない回路構成であり，これはAICではない，また，交流変換パルスチョッパも含めて一般に小容量であって，無効電力または高調波の制御を行うこともない。このため，**IEC/TS 62578**ではAICとして規定しているが，この規格の本体では扱わなかった。

　従来，一般家電機器などに用いられている単相交流入力の小容量変換装置では，簡易な回路構成を理由に**解説3図1**に示すサイリスタ交流電力調整装置，**解説3図2**に示すコンデンサ平滑形整流装置などが多く用いられてきた。これらの装置では，**解説3図3**に示すようにその入力電流に多くの高調波成分を含むため，商用電源電圧の波形をひずませる一因となっている。その対策として，パルスチョッパの採用が各種機器において進められている。

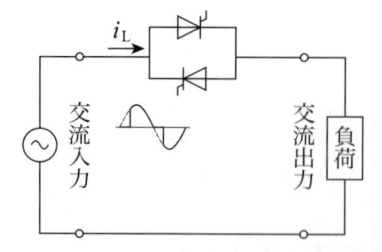

解説3図1 サイリスタ交流電力調整装置

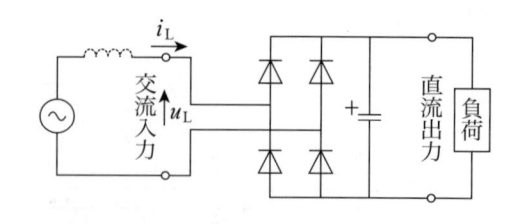

解説3図2 コンデンサ平滑形整流装置

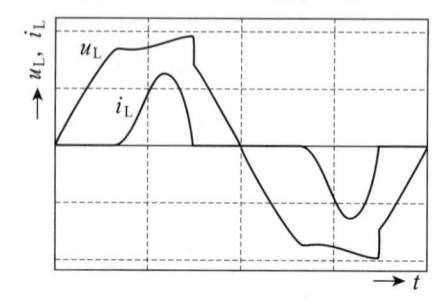

解説3図3 コンデンサ平滑形整流装置の交流電圧および電流波形の例

パルスチョッパには，そのアプリケーションに応じて多くの種類がある。交流および交直変換における代表的な基本変換接続を解説3図4および解説3図5にそれぞれ示す。

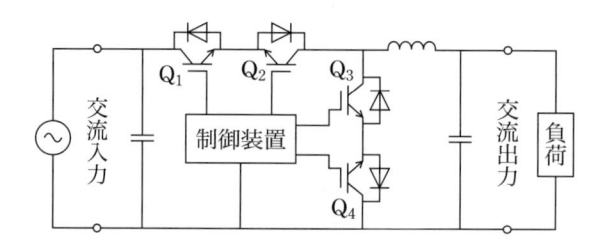

解説3図4 交流変換パルスチョッパの例（双方向変換可能）

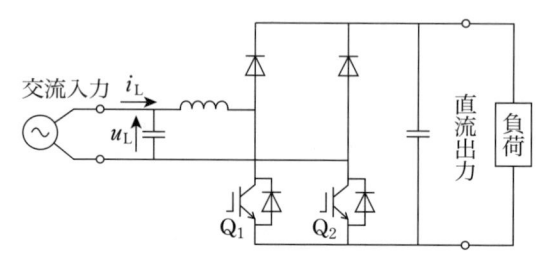

解説3図5 交直変換パルスチョッパの例

解説3図4の交流変換パルスチョッパは，解説3図1に示したサイリスタ交流電力調整装置の置換えとして用いられる。このパルスチョッパでは順方向経路側のバルブデバイス（Q_1，Q_2）と環流経路側のバルブデバイス（Q_3，Q_4）とをPWMによって交互にオン・オフさせる。このPWMの調節によって出力電圧を零から入力電圧まで制御可能であり，交流回路における降圧チョッパとみなせる。定常的には固定比率のPWMによって，出力電圧を入力電圧波形に比例した正弦波電圧とすることが可能である。PWMによって発生する高周波成分を除去するためには，リアクトルおよびコンデンサを備えた交流フィルタが必要になるが，スイッチングの高周波化によってフィルタの小形化が可能であり，サイリスタ式装置に用いるような高調波対策用リアクトルに比べ小形化が可能となる。

解説3図5の交直変換パルスチョッパは，解説3図2に示したコンデンサ平滑形整流装置の置換えとして用いられる。このパルスチョッパでは，交流入力電圧が正の半周期ではバルブデバイス（Q_1）を，また，負の半周

期ではバルブデバイス（Q_2）をそれぞれPWM制御によってオン・オフさせる。このPWM制御によって入力電流波形を解説3図6に示すような力率1の正弦波波形に制御可能となる。出力直流電圧は入力交流電圧の波高値より高い電圧となり，交流回路における昇圧チョッパとみなせる。入力交流側に備えられるリアクトルは，PWMによる高周波成分除去用のフィルタ機能および昇圧動作のための機能を兼ねている。このリアクトルもスイッチングの高周波化によって小形化が可能である。

解説3図4および解説3図5のいずれの回路でもスイッチング周波数は数～数十キロヘルツの範囲が多く採用されている。

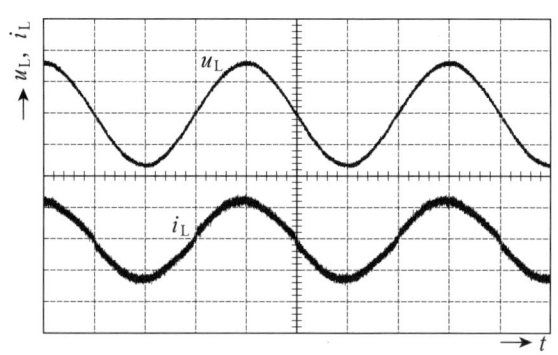

解説3図6　交直変換パルスチョッパの交流電圧および電流波形の例

解説4．電流形PWM自励変換装置

1．電流形自励変換装置

三相の電流形自励変換装置の代表的な変換接続を解説4図1に示す。主回路構成は三相ブリッジとなっており，その動作上，半導体バルブデバイスに十分な逆阻止特性が必要となる。電圧形変換器ではバルブデバイスに逆電流を通電する逆並列ダイオードが要求されるのとは対照的に，電流形変換器ではバルブデバイスに逆電圧を阻止する直列ブロックダイオード，またはバルブデバイス自体への逆阻止特性が要求される。バルブデバイス以外の構成でも電圧形変換器とは逆に直流側に直流リアクトルL_dおよび交流側にフィルタコンデンサC_Fが接続される。

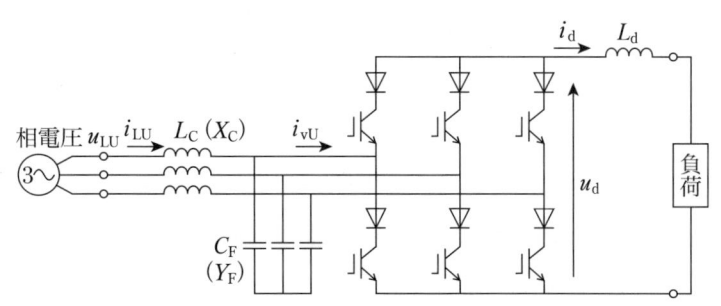

解説4図1　電流形自励変換装置

この電流形自励変換装置は，直流電流を電源側の三相交流電流に変換することで交直変換を行い，完全な4象限運転が可能で双方向に有効電力を制御できるだけでなく，無効電力も制御できる。さらに2．電流形自励変換器のPWM制御　に説明するようにPWM制御が行え，それによって高調波成分の制御も可能である。その動作

波形例を解説4図2に示す。

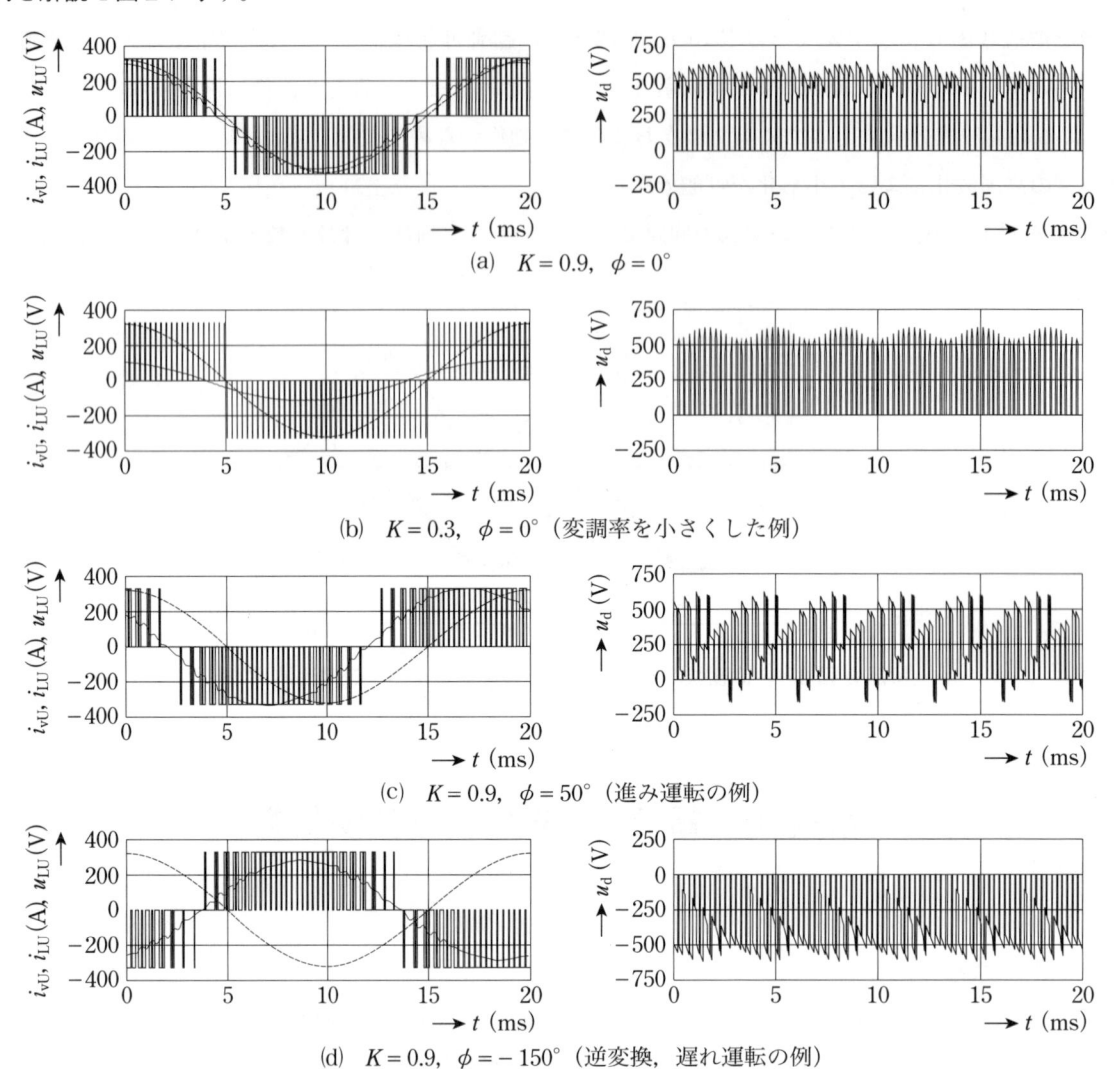

(a) $K = 0.9$, $\phi = 0°$

(b) $K = 0.3$, $\phi = 0°$ （変調率を小さくした例）

(c) $K = 0.9$, $\phi = 50°$ （進み運転の例）

(d) $K = 0.9$, $\phi = -150°$ （逆変換，遅れ運転の例）

［左側：変換器電流 i_{vU} （パルス電流），電源電流 i_{LU} （正弦波状実線），電源相電圧 u_{UL} （破線）。右側：直流電圧 u_d］
$I_d = 330$ A，PWMパルス数 $p = 39$，$U_L = 400$ V（線間電圧），$X_C = 6\%$，$Y_F = 12\%$（基準容量150 kVA）の例。電源電圧の位相に対して変換器電流の位相 ϕ を変えて制御した。利用率を向上させるため，三相正弦波電流信号の中間値の二分を一重畳させたPWMとした。Y_F があるので i_{LU} は i_{vU} より進んでいる。

解説4図2　電流形PWM変換装置の動作波形

電流形変換器の基本的な動作は，電圧形変換器（4.能動連系変換装置の構成　参照）での電圧と電流との関係を逆にしたものと相似（双対）の関係にある。動作波形例に示すように，変換器交流端子における電流 i_v は直流電流 i_d をスイッチングによってパルス状に切り刻んだ波形であり，電圧形変換器における交流端子でのパルス状の交流線間電圧に対応した波形となっている。このパルス状の交流電流 i_v は，フィルタコンデンサ C_F および電源側のリアクトル成分 L_C によって平滑化され，正弦波状の電源電流 i_L となる。また，変換器直流端子における電圧 u_d はフィルタコンデンサ C_F の電圧を刻んで三相分を合成したパルス状波形であり，これも電圧形変換器における直流端子でのパルス状直流電流波形に対応している。なお，電流のパルス幅で制御するため，変調率が0付近では動作が難しく，零付近の直流電圧は力率によって制御する。

一般に産業用の中大容量装置ではターンオフサイリスタ（GTO），また，中小容量装置ではIGBTと直列ブロックダイオードとの組合せが多く採用されている。GTOを用いた大容量装置では，一般的に 300 Hz 〜 1 kHz 程度

の低いスイッチング周波数が用いられている。それらの装置では，制御方式として一般的なPWM方式を用いず，特定高調波を除去するための最適パルスパターンをオフラインで計算して用いる方式が多く採用されている。また，このGTOを用いた大容量装置では，効率97％以上が可能であり電圧形PWM変換装置と同等である。用途としては，産業ドライブ用の1MW，1kV以上の高電圧大容量機器に多く用いられている。

一方，IGBTによる数キロヘルツ以上の高いスイッチング周波数を採用する電流形自励変換装置の制御方式は，電源システム電流i_Lを制御するマイナループと電力を制御するメジャーループとを備えたカスケード制御にPWMを組み合わせた構成が一般的である。代表的な制御ブロック図を解説4図3に示す。この制御も電圧形PWM変換装置と類似した構成になっている。しかし，このIGBT（非逆阻止形）を用いた装置では直列ブロックダイオードが必要となり，半導体バルブデバイス部のオン状態損失が増加し，効率は低下する。

電流形自励変換装置は，一般にAICとして製造されており，**IEC/TS 62578**でも規定している。しかし，電流形自励変換装置は例が少ないので，この規格での本体では扱わなかった。

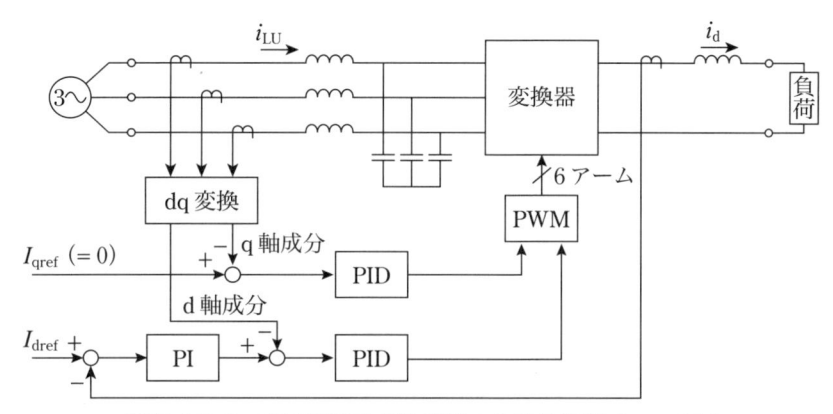

解説4図3　電流形自励変換装置の代表的制御ブロック図

2. 電流形自励変換器のPWM制御

電流形自励変換器も電圧形変換器と同様に正弦波PWM制御が可能である。交流電流波形が電圧形変換器の線間電圧と同様の波形になる。その変調方式を説明する。

電圧形変換器のPWM制御では，各相のパルスパターンの差として線間電圧パルスパターンを発生する。三つの線間電圧のパルスは，一つが＋，別の一つが－で，残りの一つは0，またはすべてが0である。これを電流形変換器でのPWM制御された電流パルスパターンに対応させてPWM変調された電流パルスパターンを発生できる。そのためには次のようにPWM制御を行えばよい。

解説4図4に示す仮想的な三角結線を設定し，その相電流を電圧形変換器の相電圧に，線電流を線間電圧に対応させる。電圧形変換器の線間電圧は相電圧に対して位相が30度進むことを考慮して，線電流に対して位相が30度遅れた正弦波の相電流i_{vW-U}，i_{vU-V}，i_{vV-W}を通電するものとして，その値を信号としてキャリアと比較

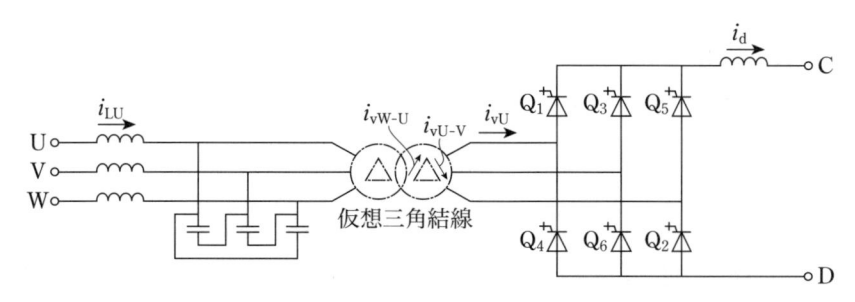

解説4図4　仮想的三角結線変圧器を用いた構成

しPWMパルスパターンを発生する（信号がキャリアより大きいときを0.5，小さいときを−0.5とする）。二つの相電流パルスの差から，例えばU相では$i_{vU} = i_{vW-U} - i_{vU-V}$として解説4表1に示すように線電流パルスパターンを求め，1のときは上（C）側のアームを，−1のときは下（D）側のアームをオンする。線電流がすべて0になるのは，三つのレグのうちのどれか一つの上下アームを同時にオンして直流側で短絡するバイパスモードである。前後のスイッチングを考慮し，スイッチング回数が最少となるようにバイパスするレグを決めてスイッチングすればよい。

解説4表1　電流形自励変換器のPWM制御におけるスイッチングパターンの例

No.	各相電流			各線電流			各アームのスイッチング（1:オン，0:オフ）						備考
	i_{vW-U}	i_{vU-V}	i_{vV-W}	i_{vU}	i_{vV}	i_{vW}	Q_1	Q_3	Q_5	Q_4	Q_6	Q_2	
0	−0.5	−0.5	−0.5	0	0	0							バイパスモード
1	0.5	−0.5	−0.5	1	0	−1	1	0	0	0	0	1	
2	0.5	0.5	−0.5	0	1	−1	0	1	0	0	0	1	
3	−0.5	0.5	−0.5	−1	1	0	0	1	0	1	0	0	
4	−0.5	0.5	0.5	−1	0	1	0	0	1	1	0	0	
5	−0.5	−0.5	0.5	0	−1	1	0	0	1	0	1	0	
6	0.5	−0.5	0.5	1	−1	0	1	0	0	0	1	0	
7	0.5	0.5	0.5	0	0	0							バイパスモード

解説5．マトリクスコンバータ

代表的なマトリクスコンバータの回路構成を解説5図1(a)に示す。横方向の入力三相と縦方向の出力三相とによる3×3の行列状の交差箇所を九つの半導体交流スイッチで接続した構成となっている。その九つの半導体交流スイッチを高周波でオン・オフ制御することによって交流の入力周波数とは関係なく任意の周波数で，ある範囲内の任意の大きさの電圧の交流電圧を出力することができ，同時に入力電流を電源側周波数で力率1の正弦波波形に制御することができる。また，電力変換の方向も入力側から出力側への一方向だけでなく，出力側から入力側への電力回生も可能である。この特性によって，従来のシステムでは解説5図2に示すようなダブルコンバータ（PWM整流器＋PWMインバータ）構成を必要とする，数十キロワットクラスの回生を必要とするエ

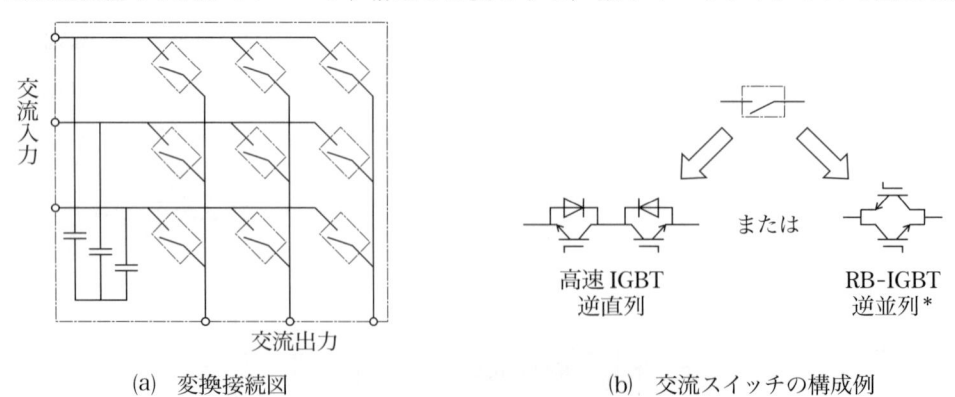

(a) 変換接続図　　　　(b) 交流スイッチの構成例

注＊　RB-IGBTの記号は規定されていないため，通常のIGBTを組み合わせた形で表記した。

解説5図1　マトリクスコンバータの回路構成

レベータ用，クレーン装置用などの交流可変速駆動システムへの適用が始まっている。実際の45 kW出力の装置で電動機を駆動したときの入出力の電圧および電流波形例を解説5図3に示す。入力力率0.99，入力電流ひずみ率7%以下が確認されている。

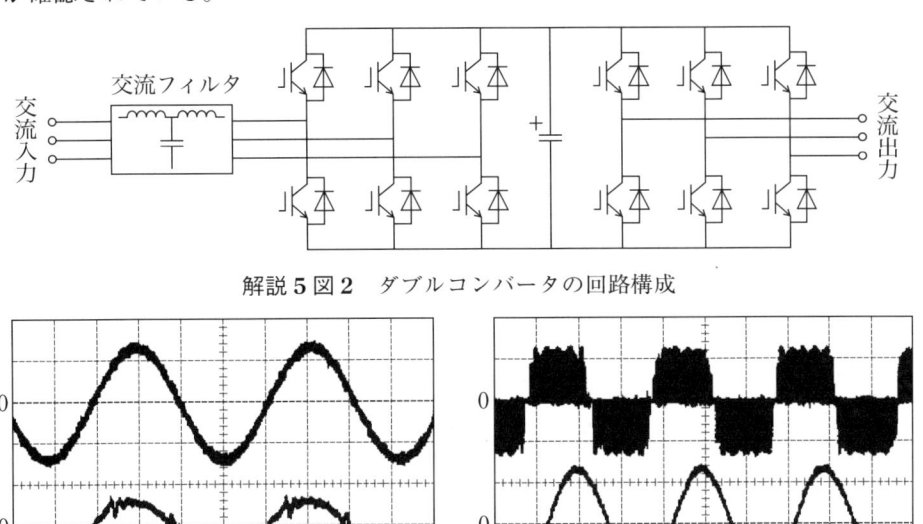

解説5図2　ダブルコンバータの回路構成

(a) 入力（上：入力電圧，下：入力電流）　(b) 出力（上：出力電圧，下：出力電流）

解説5図3　マトリクスコンバータの入出力電圧および電流波形例

さらにこのマトリクスコンバータの大きな特長は，直接交流変換回路であるため，ダブルコンバータ構成では必要不可欠な直流リンクの電解コンデンサが不要になる点，および電動機負荷の場合には交流側入力リアクトルさえも不要となる点である。そのため装置の大幅な小形化，軽量化および長寿命化が可能となる。さらに，直接変換のワンコンバータ構成であるため，使用する半導体交流スイッチの特性によっては大幅な変換効率の向上が期待できる。従来の半導体交流スイッチとしては，解説5図1(b)の左側に示すように逆並列接続ダイオードが接続された普通の高速IGBTを逆直列接続で構成したものが一般的であったが，この場合は入力から出力の間に電流が通過する半導体デバイスが合計四つになり，ダブルコンバータ構成と同等になって大幅な効率向上は望めなかった。一方，近年製品化された逆耐圧特性をもった逆阻止IGBT（RB-IGBT）を解説5図1(b)の右側に示すように逆並列に接続して構成した半導体交流スイッチを用いた場合，入力から出力の間に電流が通過する半導体デバイスが二つだけとなるため，原理的に大幅な効率向上が期待できる。しかし，現段階でその逆阻止IGBTは開発途上の製品であり制約も多く一般的な方式にはなっていない。今後の逆阻止IGBTの製品動向が期待されている。

マトリクスコンバータは，原理上，次のような制約および弱点がある。

(1) 三相交流入力電圧を切り刻んで直接三相の交流出力電圧を作りだすため，出力電圧の最大値は入力電圧の0.866倍に限られる。
(2) 大容量の電解コンデンサおよびリアクトルといったエネルギー蓄積要素をもたないことで，逆に停電，入力電圧ひずみなどの電源じょう乱に弱い。
(3) 半導体交流スイッチ用の保護（スナバ）回路における電力回生が難しく，複雑になる。
(4) リンクコンデンサのようなバッファがないため，能動連系を行うには課題が多い。

これらの克服および改善がマトリクスコンバータの今後の開発課題となっている。

解説6. その他のマルチレベル変換装置

マルチレベル変換装置の方式として，本文で記載した以外にも各種の変換接続による方式がある。ここでは，それらのマルチレベル変換装置の例を説明する。**IEC/TS 62578** で規定している次のフライングキャパシタ方式4レベル変換装置のほかに各種があるが，国内での実績例がないのですべて解説とした。

1. フライングキャパシタ方式4レベル変換装置

フライングキャパシタ方式4レベル変換装置の三相主回路変換接続を**解説6図1**(a)に示す。同図(b)に示すようにスイッチングすることで2レベル変換器を3台直列接続したものと同様に動作し，各相に4レベルの電圧を出力する。直流コンデンサ C_d の電圧を一定値 U_d に制御するだけでなく，フライングキャパシタとして動作するコンデンサの電圧を $U_d/3$ または $2U_d/3$ に制御することも必要である。

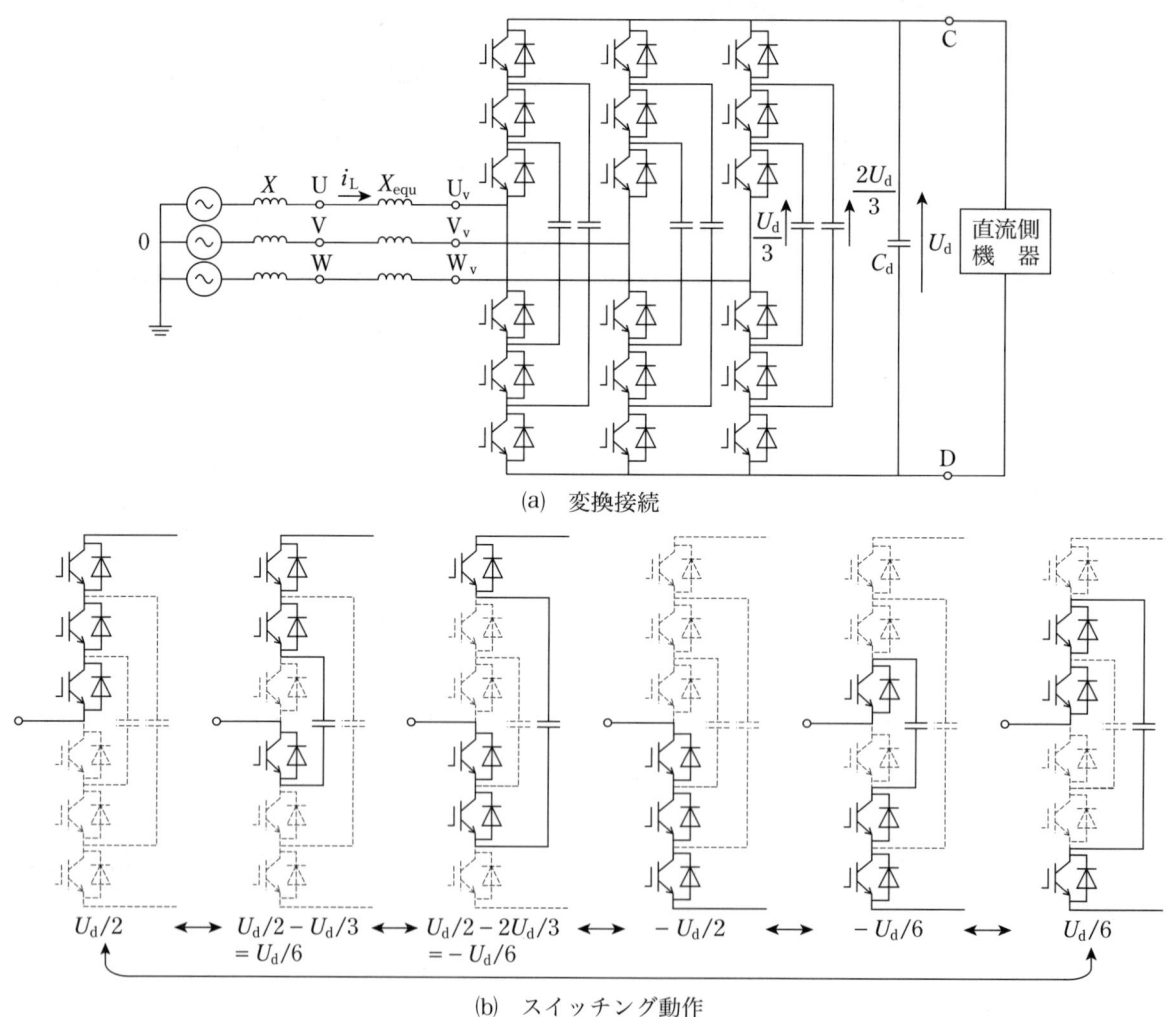

(a) 変換接続

$U_d/2 \leftrightarrow U_d/2 - U_d/3 \leftrightarrow U_d/2 - 2U_d/3 \leftrightarrow -U_d/2 \leftrightarrow -U_d/6 \leftrightarrow U_d/6$
$\qquad\qquad = U_d/6 \qquad\qquad = -U_d/6$

(b) スイッチング動作

解説6図1 フライングキャパシタ方式4レベル変換装置

2. ダイオードクランプ方式5レベル変換装置

ダイオードクランプ方式5レベル変換装置の三相主回路変換接続を**解説6図2**(a)に示す。同図(b)に示すよう

にスイッチングすることによってダイオードで分割コンデンサの各電位にクランプし，これによって各相に5レベルの電圧を出力する。各コンデンサの電圧を$U_d/4$に制御することも必要であり，電圧を制御するためにチョッパを付加する方式が提案されている。**IEC/TS 62578**には規定されていないが，国内ではフライングキャパシタと組み合わせた方式も含めて各種の研究がされている。

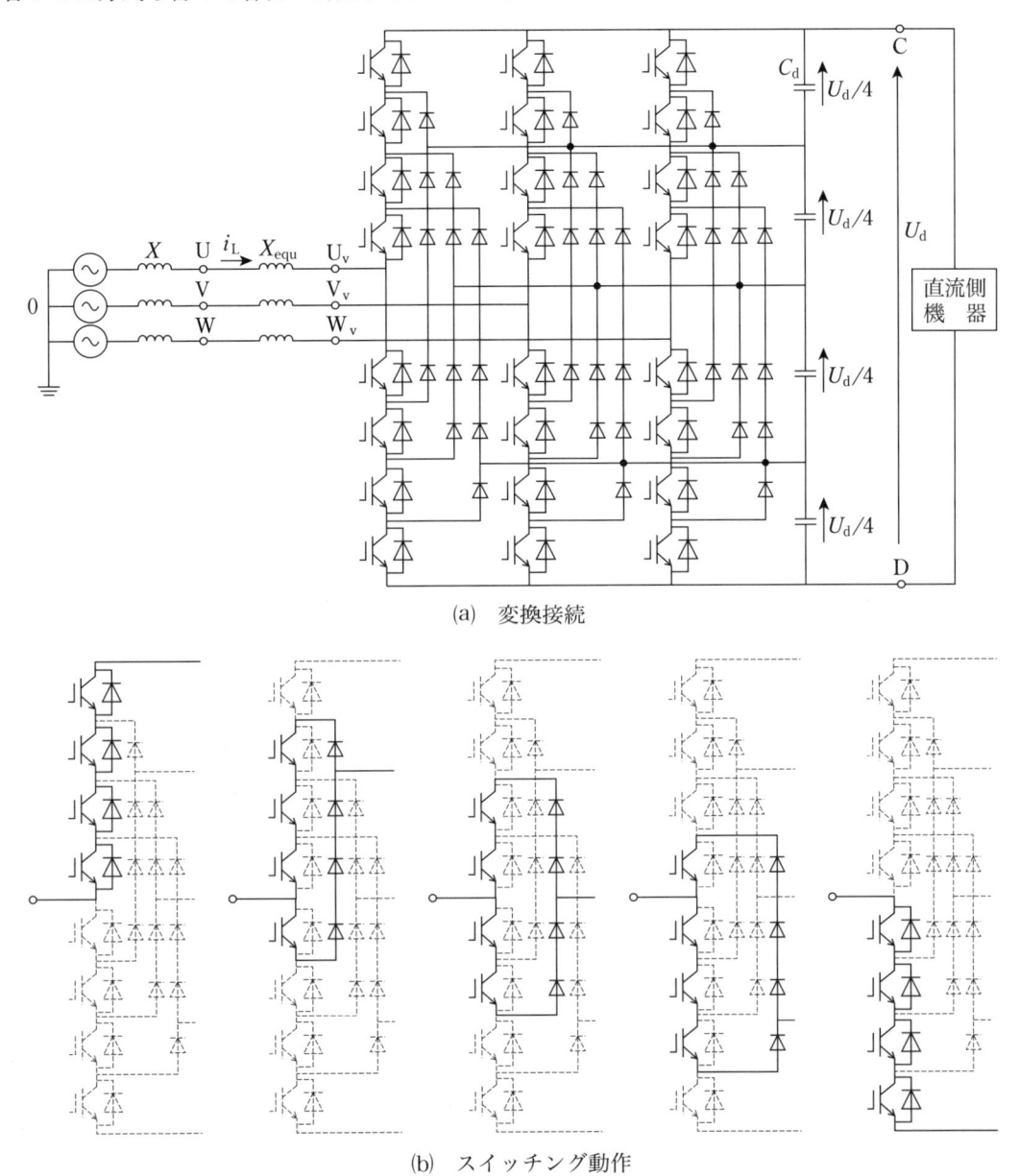

(a) 変換接続

(b) スイッチング動作

解説6図2　ダイオードクランプ方式5レベル変換装置

3. モジュラーマルチレベル方式変換装置（MMC），カスケード方式変換装置

三相フルブリッジ形モジュラーマルチレベル方式変換装置の主回路構成例を解説6図3に示す。各アームは可逆チョッパ構成のn個のモジュールで，モジュール$n-1$の端子D_{n-1}を次のモジュールnの端子C_nにカスケード接続した構成となっている。各モジュールのスイッチングパターンによって，各アームは直流を重畳した$n+1$レベルの交流電圧を出力する。単純にモジュールの段数を増やすことで電圧および出力電圧レベル数を上げることができる。各モジュールのコンデンサの電圧は電位固定されていないため，変換装置を出力制御するとともに各モジュールのコンデンサ電圧を個別に制御する必要がある。各モジュールのコンデンサの電圧を制御す

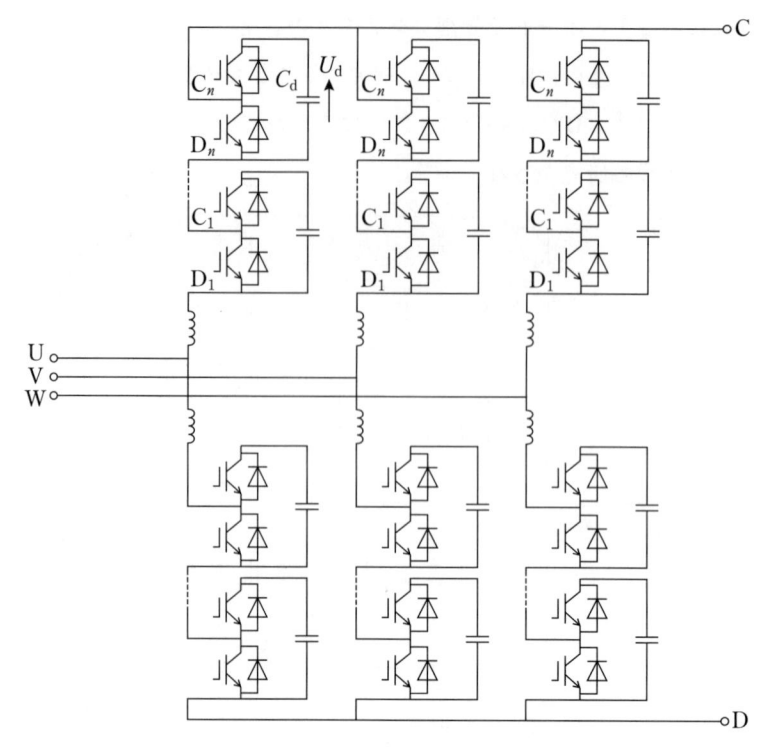

解説 6 図 3　MMC の例

るため，各アームにはリアクトルが接続されており，直流電流を三相で 1/3 ずつ分流して連続的に流している。この回路構成で交直変換が行え，2 台をバックツーバック（BTB）で組み合わせることによって間接交流変換が行える。

モジュールの回路構成としては，そのほかに可逆チョッパを単相ブリッジに置き換えた回路構成も検討されている。

海外では多数のモジュールをカスケード接続したモジュラーマルチレベル方式変換装置が直流送電用として実用化されている。

モジュラーマルチレベル方式変換装置のほかの例を解説 6 図 4 に示す。各相は，単相ブリッジ構成のモジュー

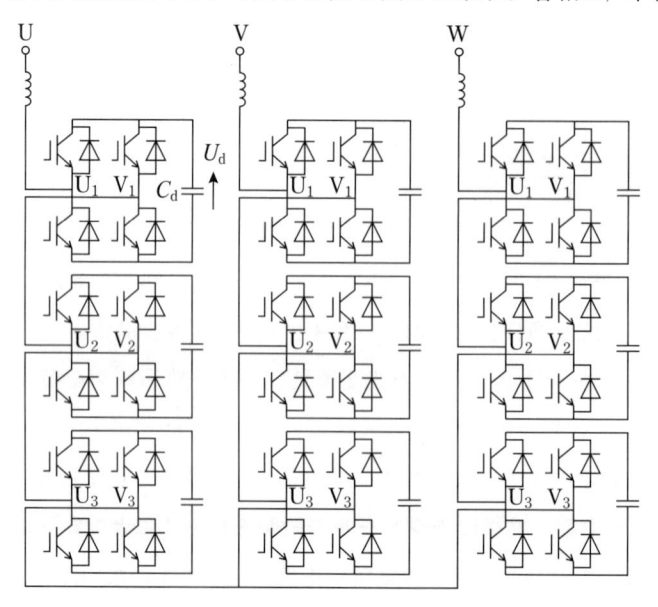

解説 6 図 4　無効電力補償装置用 MMC の例

ル3個をカスケード接続している。各アームは7レベルの交流電圧を出力する。無効電力補償装置として用いることができる。

解説7. 空間ベクトルおよび空間ベクトル変調制御

1. 三相量の空間ベクトルとしての扱い

三相交流量は，空間ベクトルとして扱うことができる。三相交流電流を例として説明する。i_U, i_V および i_W に対して次の変換を行う。$\sqrt{\frac{2}{3}}$ は絶対変換とするための係数である。

$$\begin{pmatrix} i_0 \\ i_\alpha \\ i_\beta \end{pmatrix} = \sqrt{\frac{2}{3}} \begin{pmatrix} \frac{1}{\sqrt{2}} & \frac{1}{\sqrt{2}} & \frac{1}{\sqrt{2}} \\ \cos 0 & \cos\frac{2\pi}{3} & \cos\frac{4\pi}{3} \\ \sin 0 & \sin\frac{2\pi}{3} & \sin\frac{4\pi}{3} \end{pmatrix} \begin{pmatrix} i_U \\ i_V \\ i_W \end{pmatrix} = \sqrt{\frac{2}{3}} \begin{pmatrix} \frac{1}{\sqrt{2}} & \frac{1}{\sqrt{2}} & \frac{1}{\sqrt{2}} \\ 1 & -\frac{1}{2} & -\frac{1}{2} \\ 0 & \frac{\sqrt{3}}{2} & -\frac{\sqrt{3}}{2} \end{pmatrix} \begin{pmatrix} i_U \\ i_V \\ i_W \end{pmatrix}$$

ここで，$i_U + i_V + i_W = 0$ であるとする。実際，通常の変換器では零相の回路がないことから，この関係が成り立つ。このとき，三相量は，自由度が2となり，次の式によって i_α および i_β に変換して表すことができる。

$$\begin{pmatrix} i_\alpha \\ i_\beta \end{pmatrix} = \sqrt{\frac{2}{3}} \begin{pmatrix} 1 & -\frac{1}{2} & -\frac{1}{2} \\ 0 & \frac{\sqrt{3}}{2} & -\frac{\sqrt{3}}{2} \end{pmatrix} \begin{pmatrix} i_U \\ i_V \\ i_W \end{pmatrix}$$

空間ベクトルは，この i_α および i_β を**解説7図1**に示すようにα軸を実数軸，β軸を虚数軸としたα-β座標における空間ベクトル $\boldsymbol{i} = i_\alpha + j i_\beta = i e^{j\theta}$ $\left(\theta = \tan^{-1}\frac{i_\beta}{i_\alpha}\right)$ として扱うものである。瞬時値として扱うとき，瞬時空間ベクトルという。ベクトルで表したときは，三相量とは次の関係となる。

$$\boldsymbol{i} = i_\alpha + j i_\beta = \sqrt{\frac{2}{3}}\left(i_U e^{j0} + i_V e^{j\frac{2}{3}\pi} + i_W e^{j\frac{4}{3}\pi}\right)$$

(a) α-β座標　　(b) 三相座標

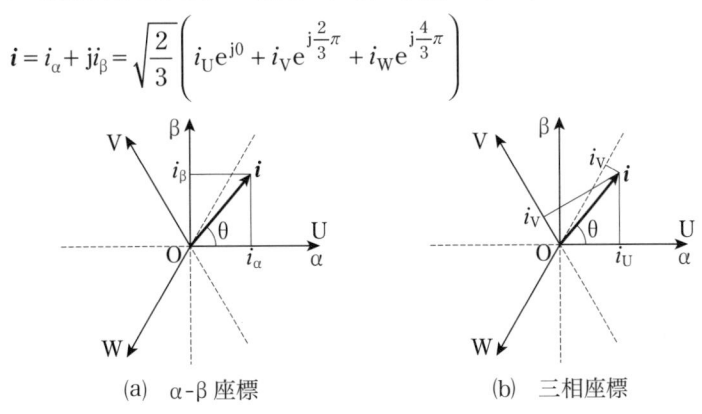

解説7図1 α-β座標と三相座標

空間ベクトルは，三相量をα-β座標でのベクトルとして扱い，例えば過渡現象をスパイラルベクトルとして求めて，解析などを容易にするものである。三相量をフェーザとして正相，逆相および零相に分けて扱う対称座標法とは異なる。

元の三相量は，i_α および i_β から次の式で算出できる。i_α および i_β が直交した α および β の各軸に i を投影した値であるのに対して，三相量は**解説7図1**に示すような $\frac{2}{3}\pi$ rad ずつ角度が異なる三相軸に i を投影した値である。

$$\begin{pmatrix} i_U \\ i_V \\ i_W \end{pmatrix} = \sqrt{\frac{2}{3}} \begin{pmatrix} 1 & 0 \\ -\frac{1}{2} & \frac{\sqrt{3}}{2} \\ -\frac{1}{2} & -\frac{\sqrt{3}}{2} \end{pmatrix} \begin{pmatrix} i_\alpha \\ i_\beta \end{pmatrix}$$

平衡した実効値 I_1，位相角 ϕ_1 の三相電流は，i_α および i_β で表すと次のようになり，i は**解説7図2**に示すように α-β 座標上で原点を中心として ω の回転速度で回転するベクトルとみなせる。

$$\begin{pmatrix} i_U \\ i_V \\ i_W \end{pmatrix} = \sqrt{2} I_1 \begin{pmatrix} \cos(\omega t + \phi_1) \\ \cos\left(\omega t + \phi_1 - \frac{2}{3}\pi\right) \\ \cos\left(\omega t + \phi_1 - \frac{4}{3}\pi\right) \end{pmatrix}$$

$$\begin{pmatrix} i_\alpha \\ i_\beta \end{pmatrix} = \sqrt{3} I_1 \begin{pmatrix} \cos(\omega t + \phi_1) \\ \sin(\omega t + \phi_1) \end{pmatrix} \text{ または } i = i_\alpha + j i_\beta = \sqrt{3} I_1 e^{j(\omega t + \phi_1)}$$

解説7図2 平衡三相電流の空間ベクトル

なお，平衡した実効値 U_1，位相角 δ_1 の三相相電圧は，$u = u_\alpha + j u_\beta = \sqrt{3} U_1 e^{j(\omega t + \delta_1)}$ となる。

有効電力 p および無効電力 q は，電圧および電流が平衡した正弦波であるかどうかに関係なく $\boldsymbol{p} = p + jq = \bar{u} \times i$ から次となる。瞬時値であるので瞬時有効電力および瞬時無効電力という。

$$p = u_\alpha i_\alpha + u_\beta i_\beta$$
$$q = u_\alpha i_\beta - u_\beta i_\alpha$$

2. 回転座標での扱い

原点を中心として**解説7図3**に示すように空間ベクトルと同じ方向に交流電源の角周波数 ω で回転している d-q 座標を考える。d-q 座標には，α-β 座標から次の式で変換される。回転周波数は電源周波数と同じである必要はないが，交流電源に連系しているのでここでは同じ値とした。

$$\begin{pmatrix} i_d \\ i_q \end{pmatrix} = \begin{pmatrix} \cos\omega t & \sin\omega t \\ -\sin\omega t & \cos\omega t \end{pmatrix} \begin{pmatrix} i_\alpha \\ i_\beta \end{pmatrix}$$

解説7図3 d-q 座標

$$\begin{pmatrix} i_\alpha \\ i_\beta \end{pmatrix} = \begin{pmatrix} \cos\omega t & -\sin\omega t \\ \sin\omega t & \cos\omega t \end{pmatrix} \begin{pmatrix} i_d \\ i_q \end{pmatrix}$$

d-q 座標での空間ベクトルを i' で表すと α-β 座標での空間ベクトル i とは次の関係がある。

$$i' = i e^{-j\omega t}$$

$$i = i' e^{j\omega t}$$

平衡三相交流電流では，i' は次のように一定値となる。

$$i' = \sqrt{3} I_1 e^{j(\omega t + \phi_1)} e^{-j\omega t} = \sqrt{3} I_1 e^{j\phi_1} = \sqrt{3} I_1 (\cos\phi_1 + j\sin\phi_1) = \sqrt{3} I_1 \cos\phi_1 + j\sqrt{3} I_1 \sin\phi_1$$
$$= i_d + j i_q$$

電圧も同様に d-q 座標での空間ベクトルで表したとき，三相の電圧および電流の波形が正弦波で平衡しているかどうかに関係なく，瞬時有効電力 p および瞬時無効電力 q は次となる。

$$p = u_d i_d + u_q i_q$$
$$q = u_d i_q - u_q i_d$$

交流電圧の位相を位相の基準として表すと，平衡した正弦波の条件では電圧は u_d だけとなり，p および q は次となる。

$$p = u_d i_d$$
$$q = u_d i_q$$

このため，i_d を瞬時有効電流，i_q を瞬時無効電流と呼ぶこともある。

3. 変換器の動作と空間ベクトル変調制御

(1) 変換器が発生する空間ベクトル　三相ブリッジ変換器を考える。各相レグの上側アームがオン（下側がオフ）の状態を 1，下側アームがオン（上側がオフ）の状態を 0 に対応させ，三相全体の状態を 3 ビットの 2 進数（上位から U，V および W 相に対応）で表すと，解説 7 図 4 に示す八つの状態がある。

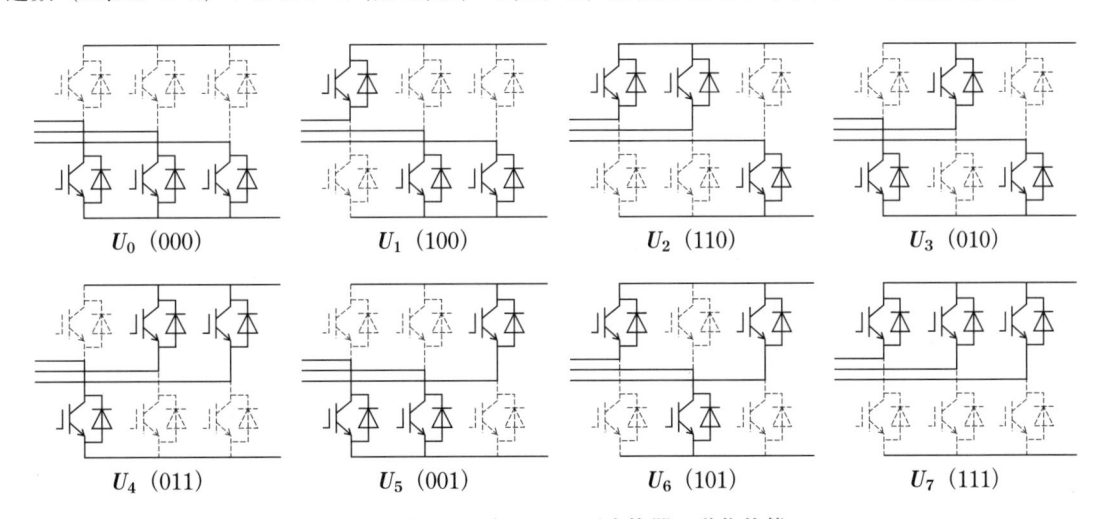

U_0 (000)　U_1 (100)　U_2 (110)　U_3 (010)

U_4 (011)　U_5 (001)　U_6 (101)　U_7 (111)

解説 7 図 4　三相ブリッジ変換器の動作状態

例えば 110 の状態を考えてみる。各相の仮想直流中点に対する電圧は，直流電圧 U_d で正規化して表すと $\left(\dfrac{1}{2},\ \dfrac{1}{2},\ -\dfrac{1}{2}\right)$ となる。これから零相成分 $\dfrac{1}{3}\left(\dfrac{1}{2} + \dfrac{1}{2} - \dfrac{1}{2}\right) = \dfrac{1}{6}$ を除いた各相の電圧は，$\left(\dfrac{1}{3},\ \dfrac{1}{3},\ -\dfrac{2}{3}\right)$ となり，これを α-β 座標で表すと大きさが $\sqrt{\dfrac{2}{3}}\ (\times U_d)$ で位相が $\dfrac{\pi}{3}$ rad の空間ベクトル U_2 (110) になる。

$$u = u_\alpha + \mathrm{j}u_\beta = \sqrt{\frac{2}{3}}\left(\frac{1}{2} + \mathrm{j}\frac{\sqrt{3}}{2}\right) = \sqrt{\frac{2}{3}}\,\mathrm{e}^{\mathrm{j}\frac{\pi}{3}} = U_2$$

ほかの動作状態についても同様にして求めると，**解説7図5**に示すように大きさが同じで位相が $\frac{\pi}{3}$ rad ずつ異なる六つの空間ベクトル U_1 (100)～U_6 (101) ならびに零ベクトル U_0 (000) および U_7 (111) となる。

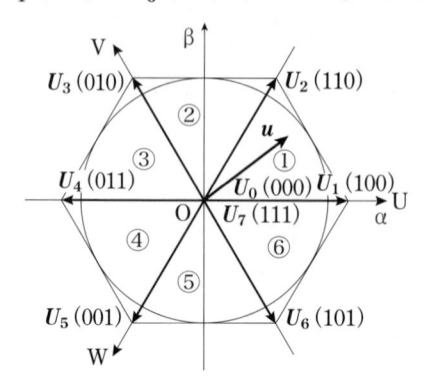

解説7図5 三相ブリッジ変換器が出力可能な電圧ベクトル

(2) **所要の空間ベクトルの発生** 前記の空間ベクトルと組み合わせると，図に示す六角形の範囲内で任意の空間ベクトルを合成することができ，内接する円の大きさの範囲内の任意の回転ベクトルを発生できる。この回転ベクトルは，平衡した三相交流電圧に対応する。

任意の空間ベクトルの合成方法を次に説明する。例えばある時刻 t において**解説7図5**の①の領域にある空間ベクトル u を発生する場合を考える。U_1 および U_2 に対してそれぞれ大きさが a および b 倍の二つのベクトル aU_1 および bU_2 を**解説7図6**のように決めれば $u = aU_1 + bU_2$ となる。このことから，PWM制御のキャリア周期 T_s（ディジタル制御の観点からはサンプリング周期に対応する。）のうち，T_s に対する時間比で a の時間は U_1 を，b の時間は U_2 を，そして残りの $(1-a-b)$ の時間は U_0 または U_7 の零ベクトルを発生すれば，T_s における平均値として所期のベクトル u を発生できる。

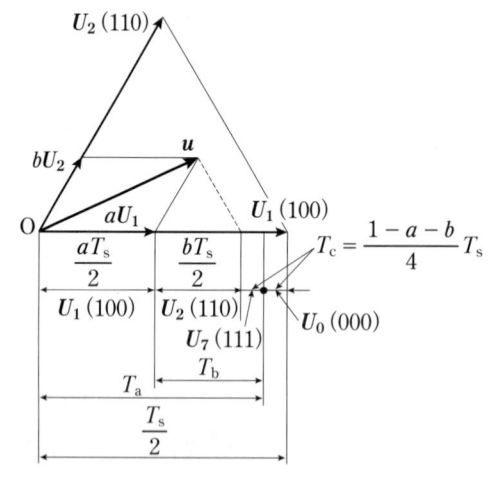

解説7図6 領域①における空間ベクトル変調の原理

(3) **パルスの発生** **解説7図6**の下に示すように T_s の半分の時間 $\frac{T_\mathrm{s}}{2}$ を U_1 の大きさに対応させて，$\frac{aT_\mathrm{s}}{2}$ の時間はベクトル U_1 を，また，$\frac{bT_\mathrm{s}}{2}$ の時間はベクトル U_2 を割り振る。残りの時間は，半分に分け

$T_c = \dfrac{1-a-b}{4}T_s$ ずつ U_7 と U_0 とに割り振る。これらのベクトルを最初の $\dfrac{T_s}{2}$ 内に U_0 (000) から始めて，上アームのオン数が順次増加するように U_1 (100) → U_2 (110) → U_7 (111) と配置し，残りの $\dfrac{T_s}{2}$ 内では逆に戻っていって，全体で各相の状態変化が 0 → 1 → 0 で考えて 1 回ずつとなるように配置する（解説 7 図 7 参照）。これに従ってスイッチングすることよって T_s における平均値として u に対応した電圧ベクトルを発生できる。ほかの領域も同様である。奇数番号の領域と偶数番号の領域では，前後の空間ベクトルに対応する上アームのオン数が逆になるので，選択ベクトルの順序も逆になり，例えば領域②では $U_0 → U_3 → U_2 → U_7 → U_2 → U_3 → U_0$ の順序となる。

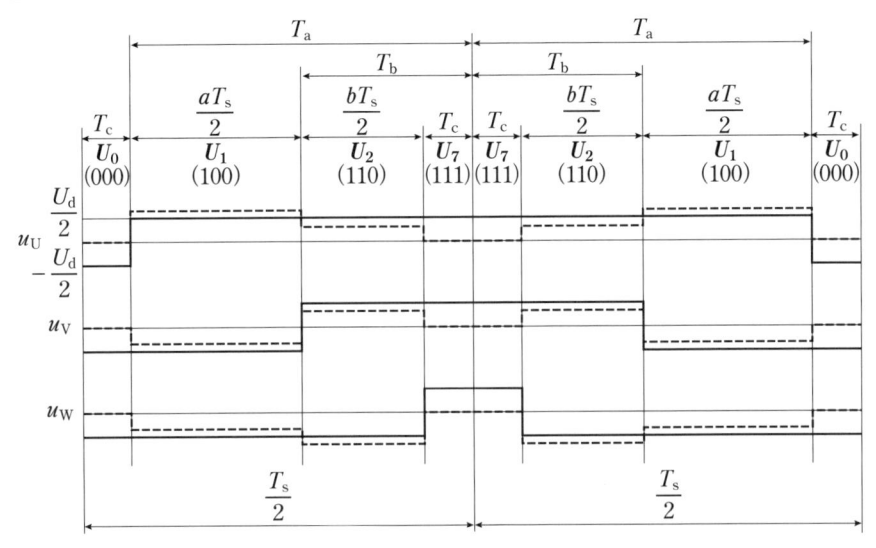

解説 7 図 7 空間ベクトル変調における選択ベクトルの配置および電圧波形
（領域①の場合。破線で示した電圧は，零相分を除いた波形。）

(4) **三相電圧との関係** 発生した電圧と三相電圧との関係を求める。領域①で発生した空間ベクトルは，U_1 の大きさ $\sqrt{\dfrac{2}{3}}U_d$ を基準としたときに $u = u_\alpha + ju_\beta = \left(a + \dfrac{b}{2}\right) + j\dfrac{\sqrt{3}}{2}b$ となる。これから三相電圧は，

$u_U = \dfrac{2}{3}\left(a + \dfrac{b}{2}\right)U_d$, $u_V = -\dfrac{2}{3}\left(\dfrac{a-b}{2}\right)U_d$, $u_W = -\dfrac{2}{3}\left(\dfrac{a}{2} + b\right)U_d$ となる。

(5) **空間ベクトル変調制御と搬送波比較 PWM 制御** 発生するパルスを三角波比較方式で考えてみる。各相の変調率は，解説 7 図 8 に示すように $k_U^* = a + b$, $k_V^* = -a + b$, $k_W^* = -a - b$ となっている。これと三相電圧との関係を検討する。

前記(4)の三相電圧で，中間の大きさの電圧である u_V の $\dfrac{1}{2}$ を各相に重畳してみる。すると，$u_U^* = \dfrac{a+b}{2}U_d$, $u_V^* = -\dfrac{a-b}{2}U_d$, $u_W^* = -\dfrac{a+b}{2}U_d$ となる。すなわち，中間の電圧の $\dfrac{1}{2}$ をコモンモード電圧として三相すべての信号に加算して変調率信号を発生していることに相当している。ほかの領域も同様である。逆に解説 7 図 9 のように中間の電圧の変調率信号の 1/2 をコモンモード電圧として全ての信号に加算することで，三角波比較方式でも空間ベクトルと同様のパルスパターンを発生できる。3 倍次数高調波重畳 PWM 制御となっており，ピーク値が U_d の平衡三相交流電圧を発生できる。

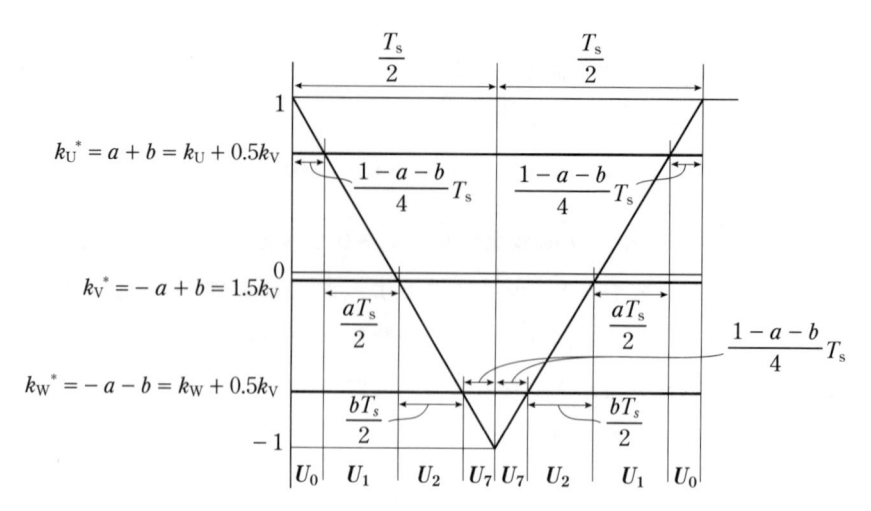

解説7 図8　空間ベクトル変調と等価な三角波比較方式（領域①）

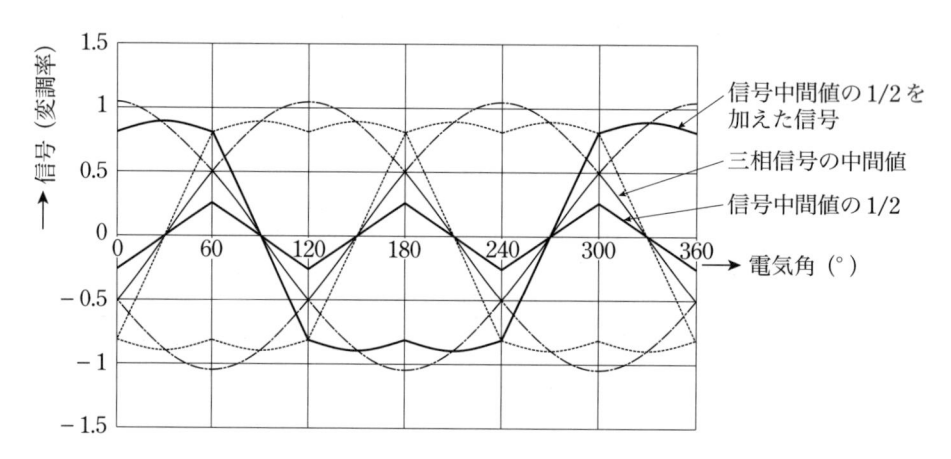

解説7 図9　空間ベクトル変調と等価なパルスパターンを発生するための変調率信号

解説8.　磁束ガイダンス制御

　対称パルス幅変調制御などのように，所定の変換器電圧となるように信号からフィードフォワードでPWM制御するのではなく，信号にフィードバックして行うPWM制御方式も用いられている。変換器が発生する電圧は方形波のパルスであり，それを検出して直接フィードバック制御することは困難である。それに代わる一つの方法は，電流指令値を信号とし，リアクタンスで平滑化された電流を用いてヒステリシス制御する方法である。フィルタなどを用いて同様に制御する方法もある。このほか，電圧を積分した量である磁束の指令値を信号としてヒステリシス制御する磁束ガイダンス制御がある。空間ベクトル変調制御は，三相インバータによる磁束ガイダンス制御から始まった。この制御は，電動機を駆動する場合，磁束で電動機のトルクを制御できること，および磁束を直接または間接的に検出できることから，電動機を駆動するインバータに適している。系統に連系したAICでも磁束を適切に検出できれば適用できる。

　平衡三相電圧を出力するものとする。静止座標であるα-β座標で考え，三相電圧に対応する空間ベクトルをu，その指令値を$u^* = U^* e^{j\omega t}$とする。また，磁束に対応する空間ベクトルを$\pmb{\Phi}$，その指令値を$\pmb{\Phi}^*$とする。$\pmb{\Phi}^*$は，

u^* と次の関係がある。

$$\boldsymbol{\Phi}^* = \int u^* \mathrm{d}t = \frac{U^*}{\mathrm{j}\omega}\mathrm{e}^{\mathrm{j}\omega t} = \frac{U^*}{\omega}\mathrm{e}^{\mathrm{j}(\omega t - \pi/2)} = \Phi^* \mathrm{e}^{\mathrm{j}(\omega t - \pi/2)}$$

$$u^* = \frac{\mathrm{d}\boldsymbol{\Phi}^*}{\mathrm{d}t} = \mathrm{j}\omega\Phi^*\mathrm{e}^{\mathrm{j}(\omega t - \pi/2)} = \mathrm{j}\omega\boldsymbol{\Phi}^*$$

これを解説 8 図 1 に示す。$\boldsymbol{\Phi}^*$ は，振幅が Φ^*，角速度 ω で，u^* に対して $\pi/2$ 遅れて回転する空間ベクトルである。$\boldsymbol{\Phi}$ を $\boldsymbol{\Phi}^*$ に追従するように制御することで u が u^* になるように制御される。

解説 8 図 1　磁束ベクトルと電圧ベクトルとの関係　　解説 8 図 2　磁束の制御

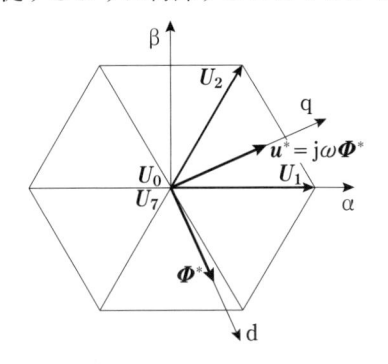

u^* が解説 8 図 1 の位置にあるとき，すなわち $0 \leq \omega t < \pi/3$ のときを例として，$\boldsymbol{\Phi}$ の制御方法を解説 8 図 2 に示す。この場合，二つの空間ベクトル U_1，U_2 および二つの零ベクトル U_0，U_7 を切り換えて行う。$\boldsymbol{\Phi}$ は，電圧を U_1 とすることで $\delta\boldsymbol{\Phi}_1$ で示すように，また，U_2 とすることで $\delta\boldsymbol{\Phi}_2$ で示すように変化する。零ベクトルの場合は停止する。これらを組み合わせて $\boldsymbol{\Phi}^*$ に追従させる。

実際の方法を次に説明する。磁束の誤差およびその変化率は，次のように計算される。

$$\Delta\boldsymbol{\Phi} = \boldsymbol{\Phi} - \boldsymbol{\Phi}^* = \boldsymbol{\Phi} - \Phi^*\mathrm{e}^{\mathrm{j}(\omega t - \pi/2)}$$

$$\frac{\mathrm{d}}{\mathrm{d}t}\Delta\boldsymbol{\Phi} = u - u^* = u - U^*\mathrm{e}^{\mathrm{j}\omega t}$$

これらを，磁束指令ベクトルに同期した回転座標（d-q 座標）で表すと次式となる。

$$\Delta\boldsymbol{\Phi}\mathrm{e}^{-\mathrm{j}(\omega t - \pi/2)} = \boldsymbol{\Phi}\mathrm{e}^{-\mathrm{j}(\omega t - \pi/2)} - \Phi^* = (\Phi_\mathrm{d} - \Phi^*) + \mathrm{j}\Phi_\mathrm{q} = \Delta\Phi_\mathrm{d} + \mathrm{j}\Delta\Phi_\mathrm{q}$$

$$\left(\frac{\mathrm{d}}{\mathrm{d}t}\Delta\boldsymbol{\Phi}\right)\mathrm{e}^{-\mathrm{j}(\omega t - \pi/2)} = \mathrm{j}u\mathrm{e}^{-\mathrm{j}\omega t} - \mathrm{j}U^* = -u_\mathrm{q} + \mathrm{j}(u_\mathrm{d} - U^*) = \Delta\Phi_\mathrm{d}' + \mathrm{j}\Delta\Phi_\mathrm{q}'$$

ここで $\Delta\Phi_\mathrm{d}' + \mathrm{j}\Delta\Phi_\mathrm{q}'$ は，上記のように固定座標での $\Delta\boldsymbol{\Phi}$ の変化率を回転座標で表したものであって，$\Delta\Phi_\mathrm{d} + \mathrm{j}\Delta\Phi_\mathrm{q}$ の微分ではないので注意を要する。

これから，dq 座標上で磁束誤差 $\Delta\Phi_\mathrm{d}$，$\Delta\Phi_\mathrm{q}$ を計算し，これらの誤差が減少する適切な電圧ベクトルを選択する。解説 8 図 3 は，電圧ベクトルの選択方法の例を示したものである。上記の関係式から，零ベクトル U_0，U_7 を選択すると $\Delta\Phi_\mathrm{d}$ は変化せず，$\Delta\Phi_\mathrm{q}$ だけが減少する。また，$u = U_1 = U$（U は，電圧ベクトルの大きさ）を選択すると，$\Delta\Phi_\mathrm{d}' = U\sin\omega t$ となって正であるので $\Delta\Phi_\mathrm{d}$ が増加する。$u = U_2 = U(1 + \mathrm{j}\sqrt{3})/2$ を選択すると $\Delta\Phi_\mathrm{d}' = U(\sin\omega t - \sqrt{3}\cos\omega t)/2$ となって $0 \leq \omega t < \pi/3$ では負であるので $\Delta\Phi_\mathrm{d}$ が減少する。この例では磁束の誤差 $\Delta\Phi_\mathrm{d}$，$\Delta\Phi_\mathrm{q}$ が $\pm 0.02\Phi^*$ の範囲にある場合は電圧ベクトルの切り換えは行わない。その外に出た場合は上記に従って解説 8 図 3 に示したような切り換えを行う。

ωt がほかの区間にあるときも同様な方法でベクトルの切換を繰り返すことによって磁束ベクトル $\boldsymbol{\Phi}$ をその指

令ベクトル $\boldsymbol{\Phi}^*$ に追従させることができる。

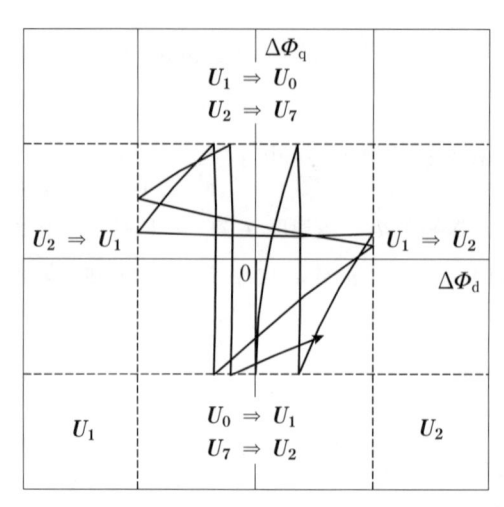

解説8図3 電圧ベクトルの切換え則 ($0 \leq \omega t < \pi/3$)

解説8図4は，静止座標での磁束ベクトルの軌跡を示したものである。平均的に磁束指令に追従した回転ベクトルとなっている。

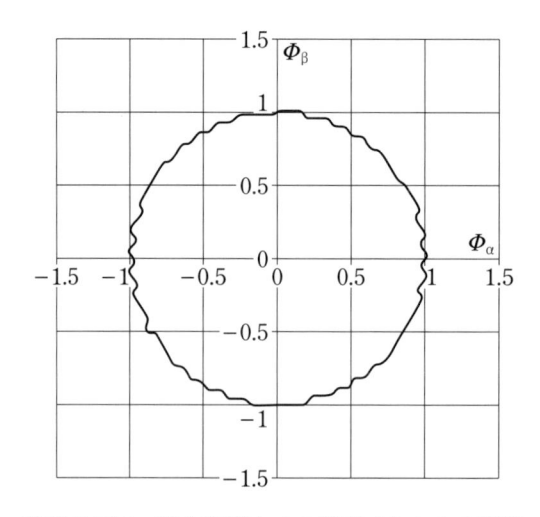

解説8図4 静止座標上での磁束ベクトルの軌跡

実際には磁束の検出が困難であるので，磁束ガイダンス制御をそのままの形で AIC へ適用するのは難しい。そこで，インバータ出力電圧の検出・積分を必要としない方法を考える。

インダクタンス L_C を介して系統と連系する場合，次式が成り立つ。ただし，系統の電圧を $\boldsymbol{u}_S$ で，電流は流れ込む方向を正として $\boldsymbol{i}$ で，また，その指令値を $\boldsymbol{i}^*$ で表し，抵抗は無視できるものとする。

$$\boldsymbol{u} = \boldsymbol{u}_s - L_C \frac{\mathrm{d}}{\mathrm{d}t} \boldsymbol{i}$$

$$\boldsymbol{u}^* = \boldsymbol{u}_s - L_C \frac{\mathrm{d}}{\mathrm{d}t} \boldsymbol{i}^*$$

これら二つの関係式の差をとり，積分すると次式が成り立つ。

$$\Delta \boldsymbol{\Phi} = \boldsymbol{\Phi} - \boldsymbol{\Phi}^* = -L_C (\boldsymbol{i} - \boldsymbol{i}^*)$$

上式は，磁束誤差の代わりに電流誤差を利用できること，結果として，磁束ガイダンス制御はヒステリシスコンパレータを用いた電流制御と同等であることを示す。ただし，α-β 座標上での電圧指令ベクトルの位置に応じ

て適切な電圧ベクトルの組合せ（解説8図1の$0 \leq \omega t < \pi/3$の場合はU_0，U_7，U_1，U_2）を選択し，電流誤差によって電圧ベクトルを切り換えることになる。

解説9．スライディングモード制御

　スライディングモード制御は，システムの状態変数を座標軸にとった位相空間（位相平面）で，適切な切換面（切換線）を設定し，状態が切換面のどちら側に存在するかによって，入力またはフィードバックゲインを切り換える制御方式である。この制御によって状態を切換面に引き込み，切換面に沿って平衡点に収束させることができる。スライディングモード制御は可変構造制御の一つであり，多入力システムまたは非線形システムにも適用できる。なお，必要な切換面の数は，システムの構造および入力数に依存する。

　簡単な例として，解説9図1のようにLC並列回路に電流形変換器を接続し，変換器電流i_vの極性だけ（大きさは一定でI）を切り換えて，コイル電流を制御する場合を考える。コイル電流をi_L，コンデンサ電圧をu_Cとすると，次式が成り立つ。

$$L\frac{d}{dt}i_L = u_C, \quad C\frac{d}{dt}u_C = i_v - i_L, \quad i_v = \pm I$$

解説9図1　電流形インバータによるコイル電流の制御

この連立微分方程式の解$i_L(t)$および$u_C(t)$は次式を満足する。

$$(i_L - i_v)^2 + \frac{C}{L}u_C^2 = a^2$$

ここで，aは初期条件によって定まる定数である。

議論を簡単とするため，上式を次のように変形する。

$$(\hat{i} - \hat{i}_v)^2 + \hat{u}_C^2 = b^2$$

ただし，

$$\hat{i} = \frac{i_L}{I}, \quad \hat{i}_v = \frac{i_v}{I} = \pm 1, \quad \hat{u}_C = \sqrt{\frac{C}{L}}\frac{u_C}{I}, \quad b = \frac{a}{I}$$

これらの結果から横軸を$\hat{i}$，縦軸を$\hat{u}_C$とした位相平面で考えると，この系の状態は半径が一定の円の上を時計方向に動くことが分かる。また，円の中心は，i_vの極性が正の場合は$(1, 0)$，負の場合$(-1, 0)$となる。

なお，上のような置き換えを行うと，系の微分方程式は次のように規格化される。

$$\frac{d\hat{i}}{dx} = \hat{u}_C, \quad \frac{d\hat{u}_C}{dx} = \hat{i}_v - \hat{i}, \quad x = \frac{1}{\sqrt{LC}}t$$

さて，コイル電流をその指令値をに一致させるため，切換線を次式のように設定する。

$$S = (\hat{i} - \hat{i}^*) + k\hat{u}_C = 0$$

ここで，$\hat{i}^* = \dfrac{i_L^*}{I}$ であり，k は応答を決めるゲインである。

この切換線の関係式と微分方程式とから，切換線の上では次式が成り立つことが分かる。

$$\left(k\sqrt{LC}\,\dfrac{\mathrm{d}}{\mathrm{d}t}+1\right)\hat{i} = \hat{i}^*$$

この式は，$\hat{i}^*$ から $\hat{i}$ への伝達関数が時定数 $k\sqrt{LC}$ の一次遅れとなることを示す。つまり，状態変数 $(\hat{i},\ \hat{u}_C)$ が切換線にそって目標値 $(\hat{i}^*,\ 0)$ に収束するように b の極性を切り換えて制御すると，結果として得られる $\hat{i}$ の応答は，$\hat{i}^*$ に対して一次遅れで追従する。また，k によってその時定数を調整できることが分かる。

実際には切換の周波数を制限する必要があり，切換に次のようなヒステリシス特性をもたせる。

$S \geq \Delta S$ の場合は　　　　　　$\hat{i}_V = \dfrac{i_V}{I} = -1$

$S \leq -\Delta S$ の場合は　　　　　$\hat{i}_V = \dfrac{i_V}{I} = 1$

$-\Delta S \leq S \leq \Delta S$ の場合は　　前の状態を保持。

ただし，ΔS はヒステリシス幅を決める定数。

解説9図2(a)は，切換線を $S = (\hat{i} - \hat{i}^*) + 0.5\hat{u}_C = 0$ および $\Delta S = 0.05$ に設定し，電流指令値を $\hat{i}^* = \dfrac{i_L^*}{I} = 0.5$ として初期状態 $(\hat{i},\ \hat{u}_C) = (0,\ 0)$ から運転を開始した場合の応答波形である。また，同図(b)はこの応答を位相平面上にプロットしたものである。

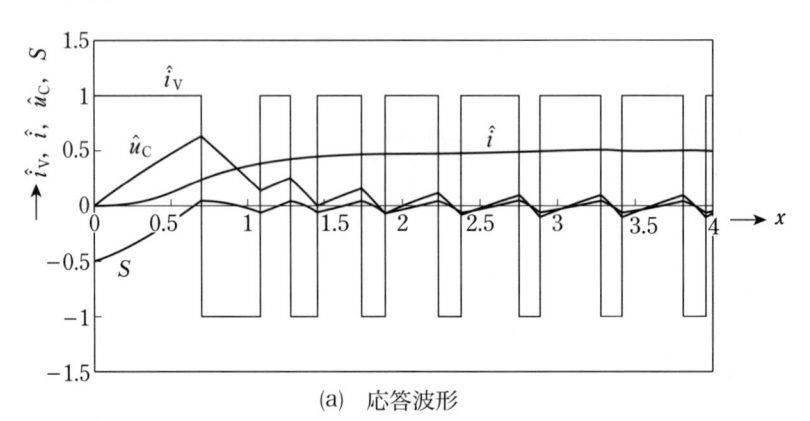

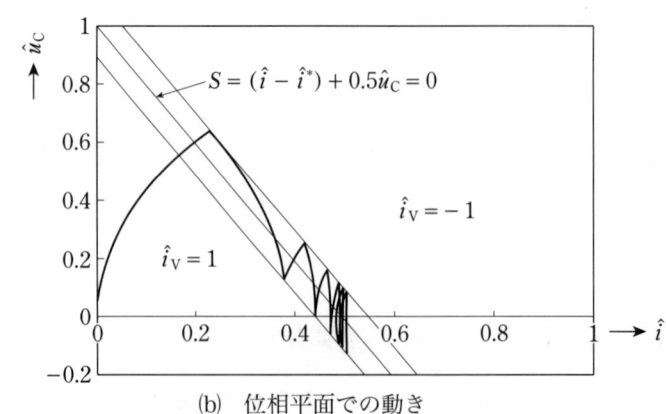

(a) 応答波形

(b) 位相平面での動き

解説9図2　応答波形の例

これらの図から，インバータ電流の極性だけを切り換えるスライディングモード制御によってコイル電流がその指令値に収束していることが確認できる。また，位相平面上で状態が切換線に到達するまではインバータ電流の切換は行われず（非スライディングモード），到達後は切換線に沿って（スライディングモード），状態が平衡点 $(i, u) = (0.5, 0.0)$ に収束している。収束後は，インバータ電流の極性が周期的（時間比で，正の期間：負の期間 = 3 : 1）に切り換わり，その平均値がコイル電流に一致している。なお，ΔS を小さく設定すれば，コンデンサ電圧のリプル成分を小さくできるが，ΔS に逆比例して，スイッチング回数が増加する。

次に，解説9図3のように，電流形変換器を LC フィルタを介して交流電源に接続し，交流電流を制御する場合を考える。

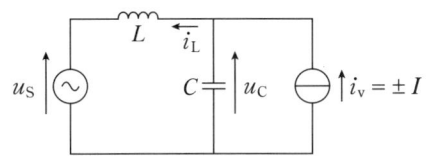

解説9図3 LC フィルタを介して交流電源に接続した場合

この構成では，L に直列に交流電源が挿入されているため，微分方程式は次のように変更される。

$$\frac{d\hat{i}}{dx} = \hat{u}_C - \hat{u}_S, \quad \frac{d\hat{u}_C}{dx} = \hat{i}_v - \hat{i}, \quad x = \frac{1}{\sqrt{LC}} t$$

ただし，

$$\hat{u}_S = \sqrt{\frac{C}{L}} \frac{u_S}{I}$$

簡単のため，電源電圧波形が正弦波であり，それと同相の正弦波電流をコイルに流すものとすると，

$$u_S = U_S \cos \omega t, \quad i_L^* = I_L^* \cos \omega t$$

このときの，コンデンサ電圧の基本波成分は次式で与えられる。

$$u_{C0} = u_S + L \frac{d}{dt} i_L^* = U_S \cos \omega t - \omega L I_L^* \sin \omega t$$

この例では，電流指令値および必要なコンデンサ電圧が時間によって変化するため，切換線を次式のように設定し，時間とともに移動させる必要がある。

$$S = (\hat{i} - \hat{i}^*) + k(\hat{u}_C - \hat{u}_{C0}) = 0$$

ただし，

$$\hat{i}^* = \frac{i_L^*}{I} \cos \omega t, \quad \hat{u}_{C0} = \sqrt{\frac{C}{L}} \frac{u_{C0}}{I} = \sqrt{\frac{C}{L}} \left(\frac{U_S}{I} \cos \omega t - \omega L \frac{I_L}{I} \sin \omega t \right)$$

一般に，LC フィルタは，共振周波数 $\omega_0 = \frac{1}{\sqrt{LC}}$ が交流電源の角周波数 ω に比して十分高くなるよう設計されるため，スライディングモード制御が有効に機能し，コイル電流をその指令値に追従させることができる。

なお，ここでは省略したが，コンデンサ電圧が U_m より過大となるのを防止するには，位相平面上で水平線となる次の二つの切換線を追加する必要がある。

$$\hat{u}_C = \sqrt{\frac{C}{L}} \frac{U_m}{I}, \quad \hat{u}_C = -\sqrt{\frac{C}{L}} \frac{U_m}{I}$$

以上，スライディングモード制御の最も簡単な例として単相電流形変換器を LC フィルタを介して交流電源に接続する場合を説明した。上記のように変換器のスイッチングに対応しており PWM 制御の一つの方法として研究されている。三相電流形インバータに適用する場合には α-β の両座標を考慮した制御が必要になる。また，電圧形インバータを利用する場合には交流系統との間に LCL フィルタを挿入することになる。システムの次数がさらに高くなり，状態平面ではなく状態空間を考えた複雑な設計が必要となる。

解説10. 変換器が発生する高調波電圧

　電圧形変換装置では，変換器から高調波電圧を発生し，それによって交流電源側に高調波電流が流出する。変換器が発生する高調波電圧は，変調方式，キャリア周波数，変換接続などによって異なる。ここでは，キャリア比較 PWM を主体に変換器が発生する高調波電圧の大きさなどを説明する。

1. ハーフブリッジ

　直流電圧 U_d（中点に対して $\pm U_d/2$）のハーフブリッジ（解説10図1）で解説10図3(a)に示すように振幅 K，周波数 f（基本波周波数）の正弦波の信号を振幅1，周波数 f_C の三角波キャリアと比較してパルス幅変調を行ったとき，変換器電圧 u_v の各周波数成分実効値の理論値は次の式で与えられる。

$$\text{周波数 } f \text{ の成分（基本波）実効値} \quad U_1 = \frac{K}{2\sqrt{2}} U_d$$

$$\text{周波数 } hf = (mf_C \pm nf) \text{ の成分（高調波）実効値} \quad U_h = \frac{2U_d}{\sqrt{2}m\pi} J_n\left(\frac{Km\pi}{2}\right)$$

ここに，$J_n(x)$：第1種 n 次のベッセル関数
　　　　K：変調率（信号の振幅のキャリアの振幅に対する比）
　　　　f：正弦波信号の周波数
　　　　f_C：キャリアの周波数
　　　　$m = 1, 3, 5, \cdots$ のとき，$n = 0, 2, 4, \cdots$
　　　　$m = 2, 4, 6, \cdots$ のとき，$n = 1, 3, 5, \cdots$

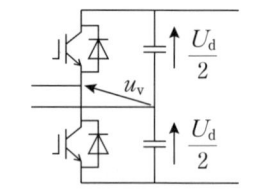

解説10図1　ハーフブリッジ

したがって，発生する高調波電圧の次数 h は，PWM パルス数 $p = f_C/f$ を用いて表したとき次となる。

$$h = p, \ p \pm 2, \ p \pm 4, \ \cdots, \ 2p \pm 1, \ 2p \pm 3, \ 2p \pm 5, \ \cdots, \ 3p, \ 3p \pm 2, \ 3p \pm 4, \ \cdots$$

　これらの高調波の内，$h = p$ の成分は出力電圧の方形波をキャリア（PWM のための三角波キャリアではない）としたときの，その方形波キャリアの基本波成分，$h = 3p, 5p, \cdots$ の成分はキャリアの高調波成分，そのほかの成分は変調によって生じたキャリアのサイドバンド（側帯波）である。p は，整数でないと周波数 f の基本波に対して次数間高調波を発生することになるので，通常，整数とする。ここでも整数として解説する。また，三相変換器では，後述するように，通常，p を3の倍数とする。

　上記の式を用いて $U_d = 1$ のときの変調率 K に対する U_1 および U_h を求めると解説10図2となる。

　p 次の高調波電圧は，変調率が 0.809 以下では基本波よりも大きい。ただし，変換器には一般にフィルタリアクトルが直列に接続されるので，高調波電流としては次数 h に反比例して小さくなる。($p \pm 4$) 次の高調波電圧

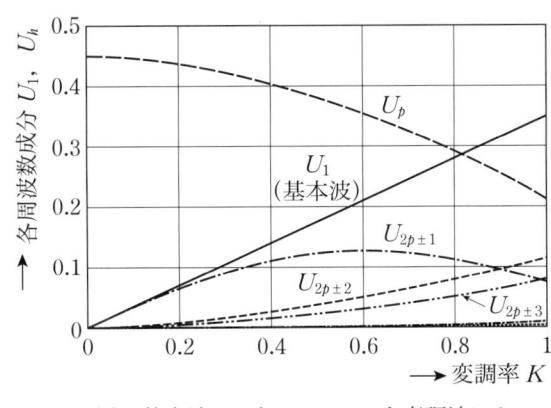

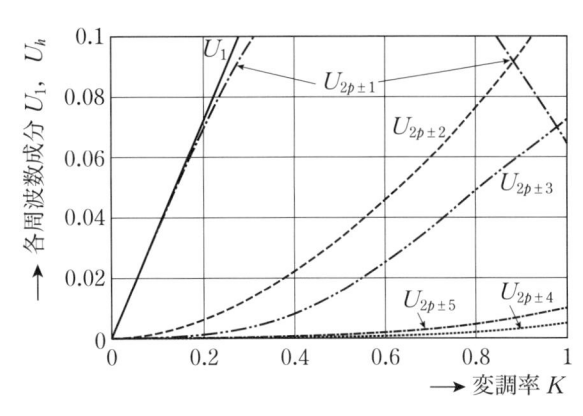

(a) 基本波，p 次，$(2p±1)$ 次高調波ほか

(b) $(p±2)$ 次，$(2p±3)$ 次高調波ほかの拡大図

解説 10 図 2　変調率 K に対する基本波 U_1 および各次高調波電圧 U_h（実効値）（$U_d=1$ のハーフブリッジ）

の基本波に対する比は，最大でも変調率 1 のときの 1.8% であり，高調波電流としては無視できることが多い。$(p±6)$ 次の高調波では同様に 0.04% であり，無視できる。これから，発生する高調波は一般には $(p-2)$ 次以上である。例えば p を 33 以上とすれば 30 次までの高調波を十分に小さくできる。

$p=21$，$K=0.9$ の場合の変換器電圧 u_v [解説 10 図 3(a)] をフーリエ級数展開した結果を解説 10 図 3(b) に示す。上記理論値と同じ結果が得られているが，ここでは高調波電圧 U_h の基本波電圧 U_1 に対する比，すなわち高調波比 R_h で表し，基本波は省略している。以下でも R_h で表す。ただし，ここに記載した結果は，理想的な条件での値である。実際には，信号波形のひずみ，変換器のデッドタイムの影響，ディジタル制御による量子化誤差，変換器の動作による直流電圧の変動などの要因によって，ここに記載した値と同じになるとは限らない。

解説 10 図 3(b) から，m が大きいほど R_h が小さくなるがサイドバンドの周波数幅が広がることが分かる。

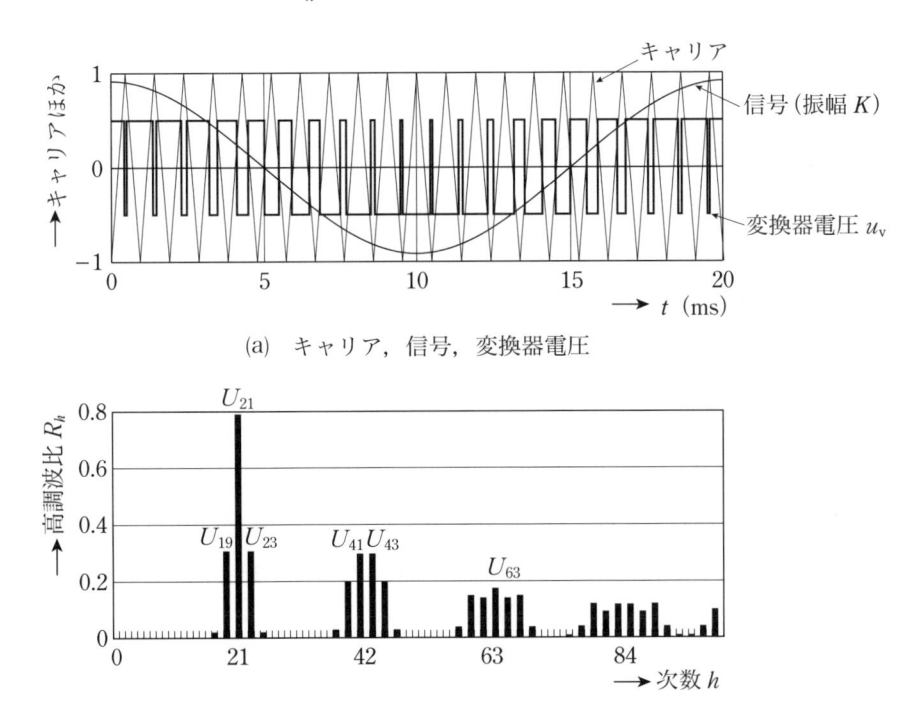

(a) キャリア，信号，変換器電圧

(b) 変換器電圧の各次高調波比（フーリエ級数展開による）

解説 10 図 3　ハーフブリッジの PWM 制御および高調波比（$p=21$，$K=0.9$）

2. 単相ブリッジ

単相ブリッジ（解説 10 図 4）の変換器電圧 u_v は，二つのハーフブリッジ電圧の差電圧である。同じキャリア

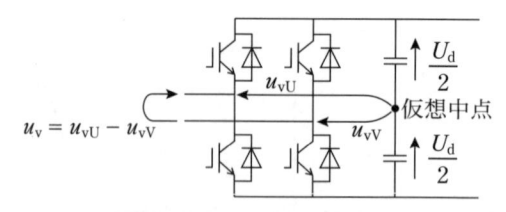

解説10図4 単相ブリッジ

を用いてV相の信号をU相の信号の極性を逆にしてパルス幅変調したとき，出力電圧 u_v は，同じ信号を用いてキャリアの位相を逆にした二つのハーフブリッジの電圧の和と同じであり，直列2多重に相当する。次数 $h = p$, $p \pm 2$, $p \pm 4$, …, $3p$, $3p \pm 2$, $3p \pm 4$, …の高調波電圧は相殺され，$2p \pm 1$, $2p \pm 3$, $2p \pm 5$, …, $4p \pm 1$, $4p \pm 3$, $4p \pm 5$, …の高調波だけとなる。基本波およびこれらの高調波は，加算されてハーフブリッジのときの2倍となる（R_h は変わらない）。$p = 21$, $K = 0.9$ のときの u_v をフーリエ級数展開して各次高調波比 R_h を求めた結果を解説10図5に示す。

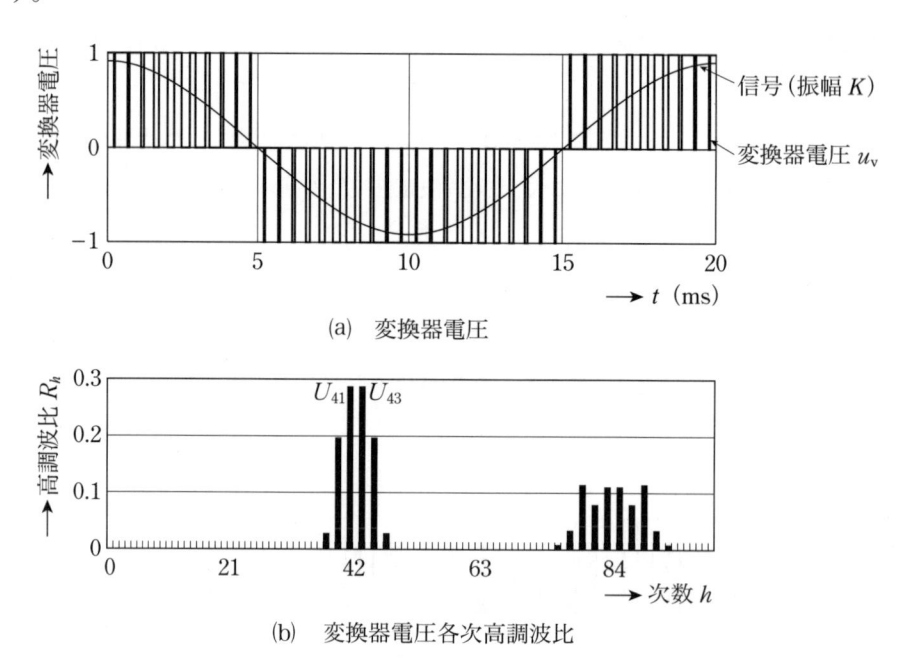

(a) 変換器電圧

(b) 変換器電圧各次高調波比

解説10図5 単相ブリッジの変換器電圧および各次高調波比（$p = 21$, $K = 0.9$）

3. 三相ブリッジ

三相ブリッジの変換器線間電圧も，各相のハーフブリッジ電圧の差電圧として求められる。三つの相に同じキャリアを用いて120度ずつ位相が異なる3組の信号でパルス幅変調したとき，n が0を含む3の倍数の次数，すなわち，$h = p$, $2p \pm 3$, $3p$, $3p \pm 6$ などの高調波は同相となり，線間電圧では相殺され，次数 $h = p \pm 2$, $p \pm 4$, $2p \pm 1$, $2p \pm 5$, $3p \pm 2$, $3p \pm 4$ などの高調波だけとなる。これらの高調波は，基本波とともにハーフブリッジの場合の $\sqrt{3}$ 倍となる（R_h は変わらない）。$p = 21$, $K = 0.9$ の場合の変換器線間電圧およびその各次高調波比 R_h を解説10図6に示す。発生量の大きな21次の高調波のほか，39次，45次，63次などがなくなっている。なお，相殺は，三つの相の信号の振幅が同じで，位相差が120度ずつのときに行われるので，不平衡のときには差が残留して線間にもそれらの高調波が発生することに注意を要する。

p は，3の倍数としないと零相ではない3の倍数次の高調波を発生してしまう。例えば $p = 23$ とすると23次は線間電圧では相殺され零となるが，21次［$(p-2)$ 次］，45次［$(2p-1)$ 次］などの高調波は相殺されず線間にも大きな高調波電圧として残ってしまう。このため三相変換器では，通常，p を3の倍数とする。

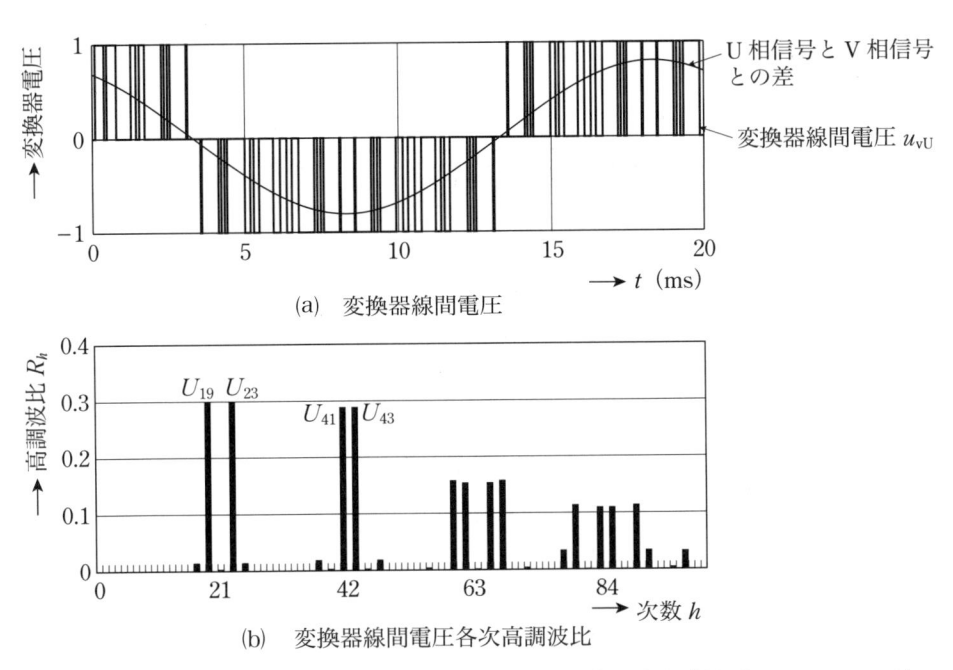

(a) 変換器線間電圧

(b) 変換器線間電圧各次高調波比

解説 10 図 6 三相ブリッジの変換器線間電圧および各次高調波比（$p = 21$, $K = 0.9$）

4. 多重接続

多重接続によって一部の高調波が相殺される。三相ブリッジの2多重接続の場合の合成変換器電圧およびその各次高調波比 R_h を解説10図7に示す。$h = p$, $p \pm 2$, $p \pm 4$, $\cdots$, $3p$, $3p \pm 2$, $3p \pm 4$, $\cdots$ などの高調波が相殺さ

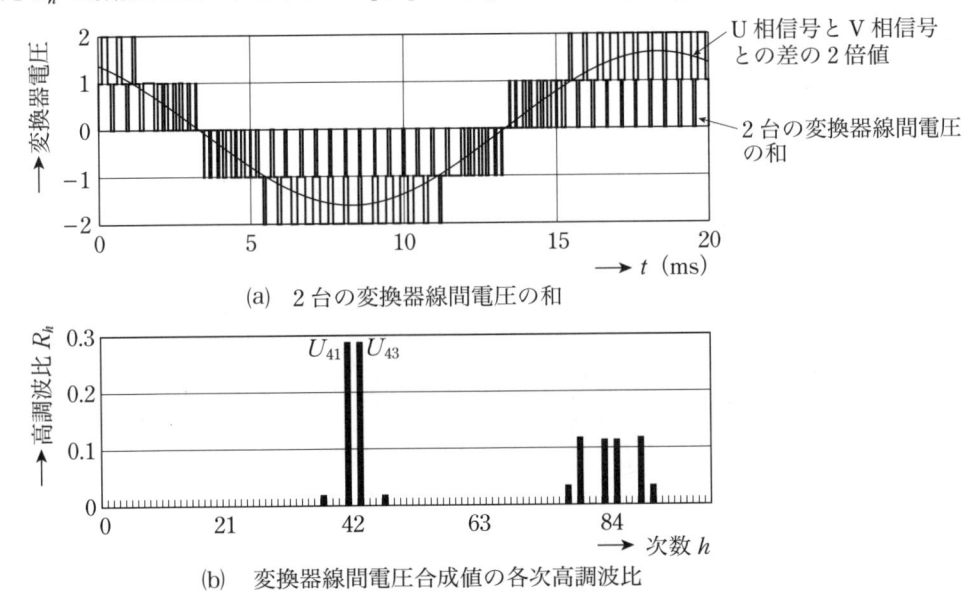

(a) 2台の変換器線間電圧の和

(b) 変換器線間電圧合成値の各次高調波比

解説 10 図 7 三相ブリッジ2多重の変換器線間電圧合成値の各次高調波比（$p = 21$, $K = 0.9$）

れている。

5. 3レベル三相ブリッジ変換器

3レベル三相ブリッジ（$U_d = 2$）で解説10図8(a)のようにユニポーラ変調した場合の、$p = 21$, $K = 0.9$ のときの変換器線間電圧およびその各次高調波比 R_h を解説10図8(b)および(c)に示す。p が同じ場合、解説10図6に示す2レベル三相ブリッジに比べて R_h が大幅に小さい。ただし、サイドバンドの周波数幅が広がっている。また、結果は省略するが特に高次側ではキャリアの位相によって R_h がかなり異なる次数がある。

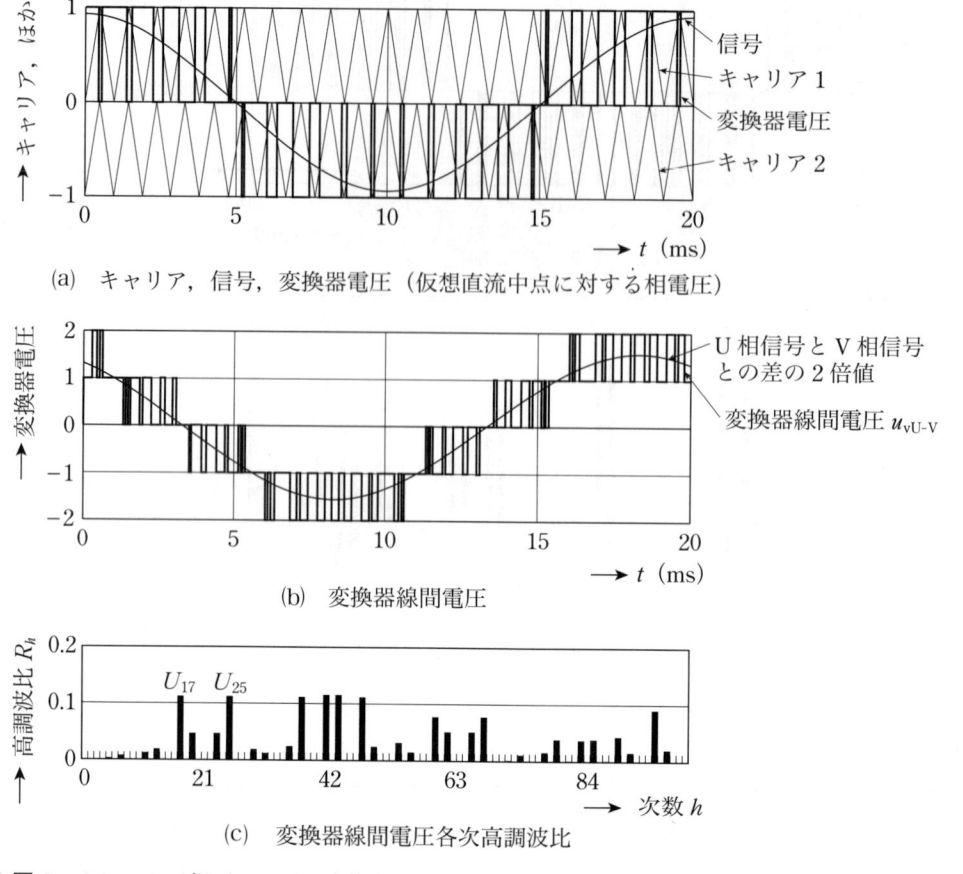

(a) キャリア，信号，変換器電圧（仮想直流中点に対する相電圧）

(b) 変換器線間電圧

(c) 変換器線間電圧各次高調波比

解説10 図8　3レベル三相ブリッジの変換器電圧および各次高調波比（$p=21$，$K=0.9$，ユニポーラ変調）

6. 中間電圧二分の一重畳PWM制御

三相ブリッジで解説10 図9(a)のように中間電圧二分の一重畳PWM制御した場合の，$p=21$，$K=0.9$のときの各次高調波比 R_h を解説10 図9(b)に示す。基本波電圧が $2/\sqrt{3}$ 倍になるので，同じ大きさの高調波であれば

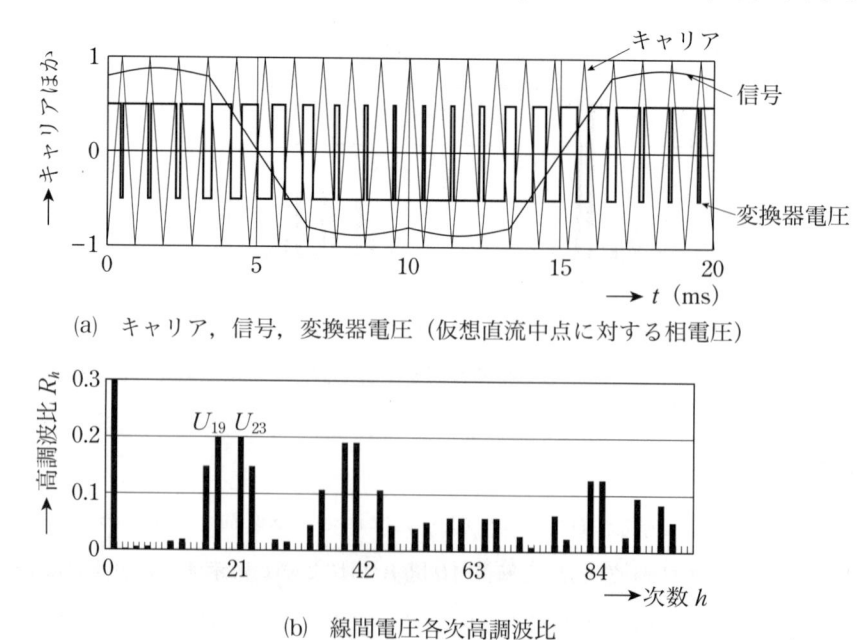

(a) キャリア，信号，変換器電圧（仮想直流中点に対する相電圧）

(b) 線間電圧各次高調波比

解説10 図9　三相ブリッジの中間電圧二分の一重畳PWM制御および各次高調波比（$p=21$，$K=0.9$）

その分，R_hが小さくなるが，解説10図6に示す2レベル三相ブリッジに比べてそれ以上に小さくなっている。また，サイドバンドの周波数幅が広がり，特に高次側ではキャリアの位相によって値がかなり異なる次数がある。3次高調波重畳PWM制御でも同様であるが，R_hはやや大きい。

7. 規定サンプリングによるキャリア比較PWM制御

三相ブリッジで解説10図10(a)に示すようにキャリアの極値において信号をサンプリングしてPWM制御した場合の，$p=21$，$K=0.9$のときの各次高調波比R_hを解説10図10(b)に示す。ただし，単純にサンプリングすると基本波の位相がサンプリング周期T_s $[T_s = 1/(2f_C) = 1/(2p \times f_1)]$の二分の一だけ遅れる。このため，信号の位相を$T_s/2$だけ進めた。$R_h$は，自然サンプリングの場合と類似しているが，サイドバンドの大きさが非対称になっている。

T_sをキャリアの周期と同じとして極小または極大の一方の極値だけでサンプリングする場合もある。このと

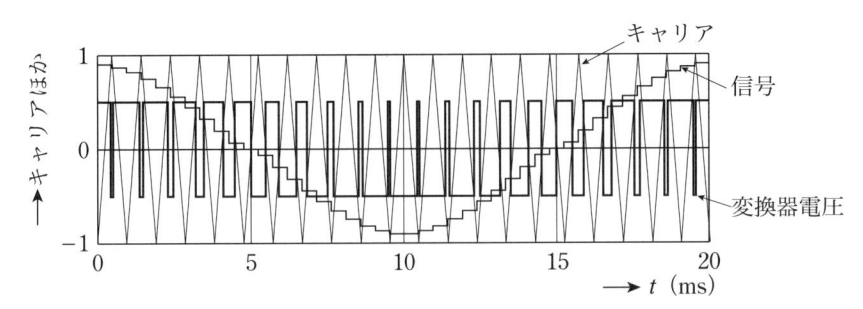

(a) キャリア，信号，変換器電圧（仮想直流中点に対する相電圧）

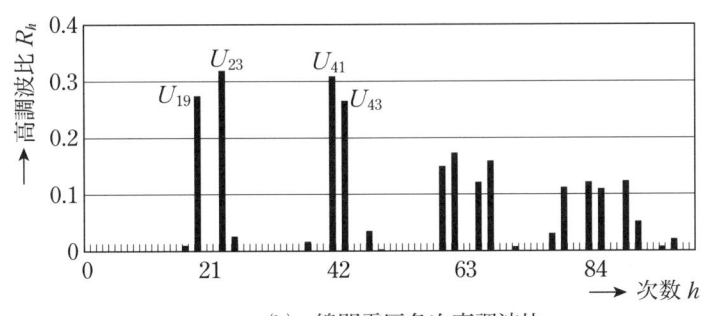

(b) 線間電圧各次高調波比

解説10図10 規定サンプリングPWM制御の動作および各次高調波比（$p=21$，$K=0.9$）

き，結果は省略するが，$p \pm 1$，$2p \pm 4$などの次数のサイドバンドが追加して発生する。

8. 空間ベクトル制御

空間ベクトル制御による動作をキャリア比較PWMで表したものを解説10図11(a)に示す。空間ベクトル制御では，pを3の倍数の偶数に選ぶので，ここでは$p=24$の場合とした。サンプリング周期は，キャリアの周期と同じで$T_s = 1/(p \times f_1)$であり，信号の位相は$T_s/2$だけ進めた。また，キャリアは位相を反転した。$K=0.9$相当のときの各次高調波比R_hを解説10図11(b)に示す。R_hは，解説10図9に示す中間電圧二分の一重畳PWM制御でpを24に変えた場合に類似しているが，低い次数の高調波が小さい。規定サンプリングのときと同様にサイドバンドの大きさが非対称になっている。別のサイドバンドが発生しているが，これは規定サンプリングのサンプリング周波数をキャリア周波数と同じにしたときと同様である。

(a) キャリア，信号，変換器電圧（仮想直流中点に対する相電圧）

(b) 線間電圧各次高調波比

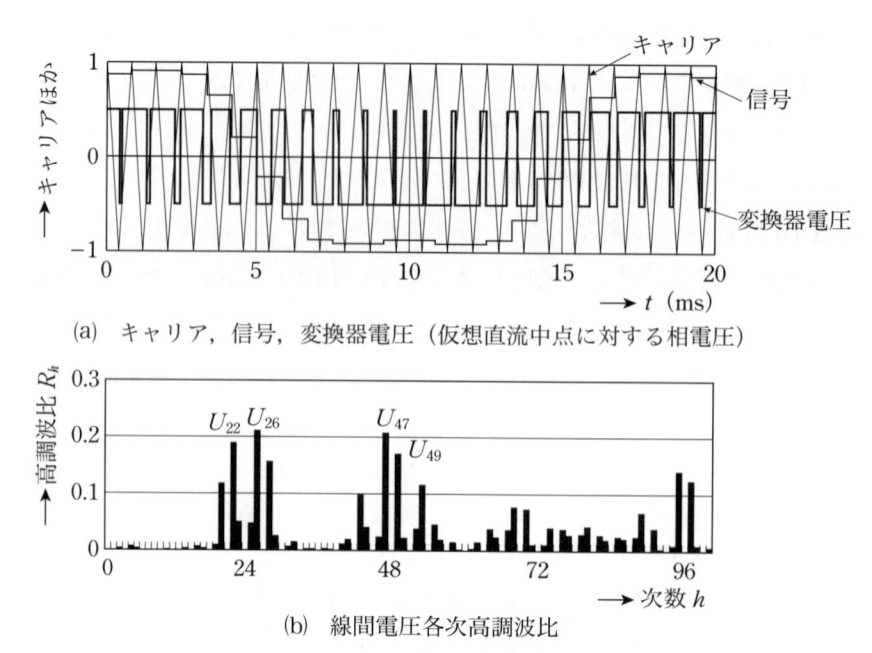

解説10図11　空間ベクトル制御相当のPWM制御および各次高調波比（$p = 24$，$K = 0.9$）

解説11．AICが発生する高調波およびその対策

1．AICが発生する高調波電圧

　従来の他励変換装置では電流源として高調波を発生するのに対し，電圧形PWM AICでは電圧源として高調波を発生する。2レベルPWM AICの変換器端子電圧 U_v の波形（パルスパターン）は，スイッチングおよび直流リンクコンデンサの電圧によって決まる。このAICを解説11図1のように電源系統に接続して使用したとき，変換装置端子電圧 U_L のひずみは，このパルスパターンおよび電源インピーダンス Z_L（リアクタンス X_L で図示）とAIC内部のインピーダンス Z_C（リアクタンス X_C で図示）とによる電圧分配で決まる。

　　備考　ここでは，2レベルの変換接続を対象としている。3レベルまたは多レベルの変換接続を適用した場合は，電圧ひずみはここに記載した値よりも小さくなる。

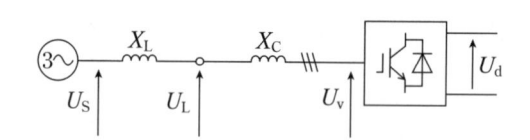

解説11図1　AICの電源系統への接続

　三相2レベルPWM AICで検討する。電源系統は，電源系統内でのコンデンサが無視できて Z_L がリアクタンス X_L で表されるものとする。AICでは単純な直列リアクトルによるフィルタが適用され，Z_C がリアクタンス X_C で表されるものとする。このとき，端子における無限大母線電圧 U_S と変換器電圧 U_v との電圧分配比はパルスパターンによって発生される全ての周波数に対して同じ値になり，U_L の瞬時値 u_L は，無限大母線電圧 U_S の瞬時値 u_S およびパルスパターン電圧（変換器電圧）U_v の瞬時値 u_v から次の式で与えられる。

$$u_{\mathrm{L}} = \frac{u_{\mathrm{S}} X_{\mathrm{C}}}{X_{\mathrm{L}} + X_{\mathrm{C}}} + \frac{u_{\mathrm{v}} X_{\mathrm{L}}}{X_{\mathrm{L}} + X_{\mathrm{C}}} = \hat{u}_{\mathrm{S}} + \hat{u}_{\mathrm{v}}$$

例として，直流電圧 $U_{\mathrm{d}} = 1$，$U_{\mathrm{S}} = \frac{\sqrt{3}}{2\sqrt{2}} \times 0.9 = 0.551$，$X_{\mathrm{L}} = 1\%$（$R_{\mathrm{SC}} = 100$），$X_{\mathrm{C}} = 6\%$ のときに，PWMパルス数 $p = 33$ の AIC が変調率 $K = 0.9$ で電源電圧と同位相で無負荷運転しているときの U_{L} の波形を解説 11 図 2 に示す。正弦波の $\hat{u}_{\mathrm{S}}$ にパルス電圧である $\hat{u}_{\mathrm{v}}$ が重畳している。

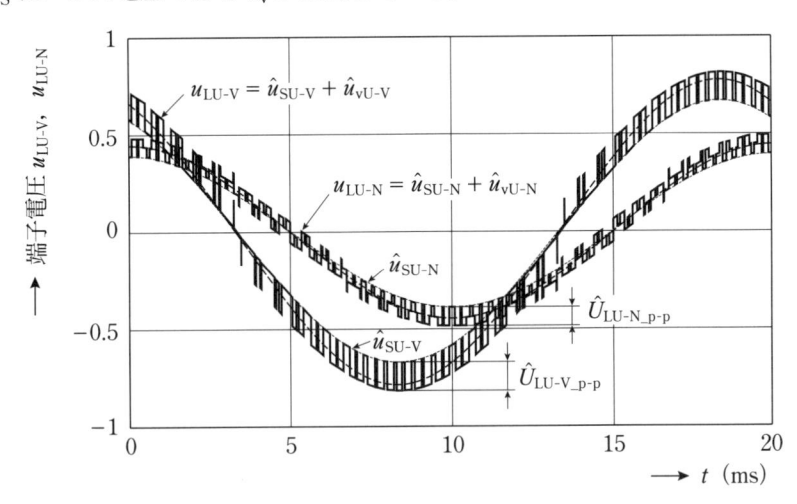

解説 11 図 2 変換器端子電圧の波形例（破線は基本波）

U_{L} は，$\hat{u}_{\mathrm{v}}$ によってひずむ。この電圧ひずみは，U_{d}，K，X_{L}，および X_{C} だけで決まり，変換器電流に無関係である。このひずみの全振幅を求める。U_{v} の線-中性点間パルス電圧の振幅は $\frac{2}{3}U_{\mathrm{d}}$，また，$U_{\mathrm{v}}$ の線間パルス電圧の振幅は U_{d} であり，U_{L} ではそれを全振幅として扱うと，次となる。

$$\hat{U}_{\mathrm{LU\text{-}N\_p\text{-}p}} = \frac{X_{\mathrm{L}}}{X_{\mathrm{L}} + X_{\mathrm{C}}} \times \frac{2U_{\mathrm{d}}}{3}$$

$$\hat{U}_{\mathrm{LU\text{-}V\_p\text{-}p}} = \frac{X_{\mathrm{L}}}{X_{\mathrm{L}} + X_{\mathrm{C}}} \times U_{\mathrm{d}}$$

U_{L} の高調波電圧は，U_{v} の高調波電圧から同様に求めることができる。上記では波形が分かりやすいように PWMパルス数 p を 33 とした。以下では $p = 60$（周波数 $f = 50\,\mathrm{Hz}$ のとき，キャリア周波数 $f_{\mathrm{C}} = 3\,\mathrm{kHz}$）の場合とする。このとき，線間電圧として発生する次数 p 付近の大きな高調波電圧は，次数 $h = 60 \pm 2$ の成分であり，基本波に対する割合（高調波比 R_h）は 0.298 である（解説 10 図 6 参照。解説 10 図 6 は $p = 21$ の場合であるが，$p \pm 2$ 次などの高調波比は $p = 60$ でも変わらない）。U_{L} での R_{58} および R_{62} は $X_{\mathrm{L}}/(X_{\mathrm{L}} + X_{\mathrm{C}})$ 倍になるので 0.043 となる。

上記は，正弦波による変調の場合である。三相変換器では，一般に 3 倍次数高調波重畳 PWM を用いて電圧利用率を向上させる。例えば中間電圧二分の一重畳 PWM を行って電圧利用率を向上させると，基本波電圧が 1.15 倍になるほか，次数 $h = 60 \pm 2$ の成分が小さくなって，U_{v} での R_{58} は 0.198 となり（解説 10 図 9 参照），U_{L} では 0.028 となる。この PWM 制御方式を採用した場合に R_{SC} および X_{C} を変えたときの U_{L} の 58 次（62 次も同じ）の高調波比 R_{58} を求めると解説 11 図 3 となる。U_{v} での高調波比から $X_{\mathrm{L}}/(X_{\mathrm{L}} + X_{\mathrm{C}})$ だけで決まるのでほかの次数も同様の関係になる。

この図は，電圧ひずみが R_{SC} におよび X_{C} 依存していることを表している。端子電圧 U_{L} のひずみを評価する

には，装置の容量に関係なく適用できる短絡比 R_{SC} を用いて計算することを推奨する。

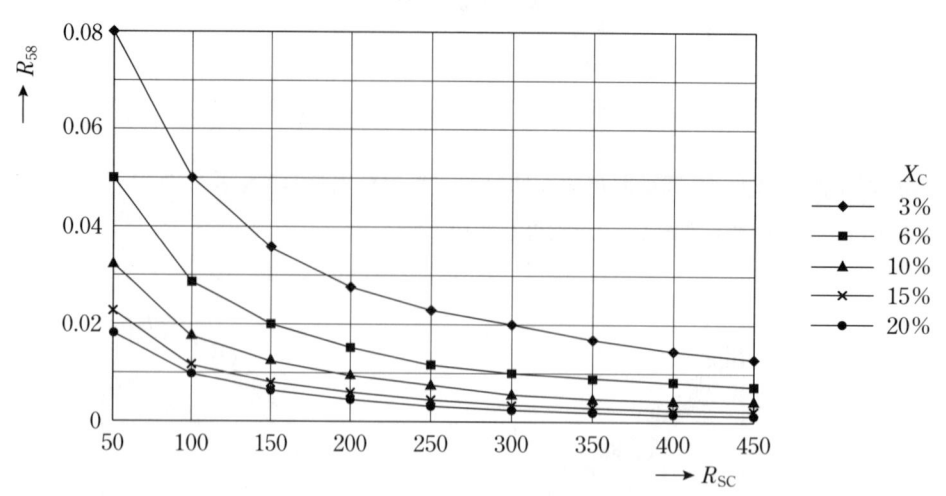

解説11図3 端子電圧 U_L の58次高調波比 R_{58} の R_{SC} および X_C との関係

2. AICから流出する高調波電流

AICから主電源への高調波電流エミッションについては，リアクタンス (X_L+X_C) によって決まる。(X_L+X_C) が小さいほど高調波電流が増加する。上記と同様に中間電圧二分の一重畳PWMを行った場合に R_{SC} および X_C を変えたときの基準電流に対する58次高調波電流 I_{v58} を求めると解説11図4となる。

X_C が大きなAICの場合，電圧ひずみ率が小さくなるとともに高調波電流も小さくなる。包括的な検討のために電圧ひずみとともに高調波電流にも注意する必要がある。

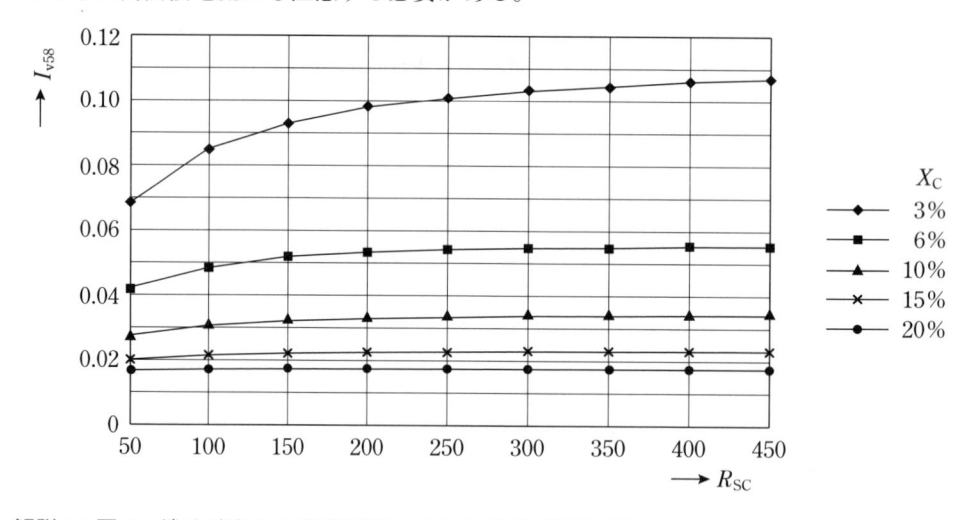

解説11図4 端子電流 I_v の基準電流に対する58次高調波電流 I_{v58} の R_{SC} および X_C との関係

3. 高調波の対策

上記の二つの図から，短絡比 R_{SC} が小さく（電源リアクタンス X_L が大きく）なると高調波電流は減少するが，電圧分配比が悪くなるので電圧ひずみが増加することが分かる。AICを商用電源系統に接続するとき，電圧ひずみを抑制するために追加のフィルタ対策が必要となる場合がある。

また，上記では電源系統がリアクタンスで表されるものとした。実際には各種進相設備，漂遊静電容量などがあり，特に高い周波数になるほどリアクタンスでは表せなくなり，共振などによって高調波が拡大してフィルタが必要になる場合もある。

追加フィルタの構成例を解説11図5(b)～(d)に示す。回路定数はリアクタンスではなくインダクタンスで記載

した．例であって，このほかにさまざまな構成がありうる．追加フィルタ回路の設計では，フィルタ構成の共振周波数以下で電源インピーダンスとの共振が現れるので，低い周波数で振幅増加が発生することに注意する必要がある．このため，低周波で大きな高調波電流を発生する従来変換器とAICとを同じ電源供給システムに接続すると，この共振効果が現れる可能性がある．そのような場合，追加フィルタにダンピング抵抗を追加することが望ましい．これによって共振の影響拡大を抑制できる．

電圧ひずみの増加によって，AICと同じIPCまたはPCCに接続された装置の可聴周波数ノイズが増加する可能性がある．この場合，フィルタが有効である．一方，EMCフィルタのYコンデンサ［各相ときょう体（大地）との間に接続したコンデンサ］および電源ケーブルのシールドによって漏れ電流が過大になる可能性があり，その波形も正弦波ではないので，漏電遮断器（漏電保護装置，RCD）の使用には注意が必要である．

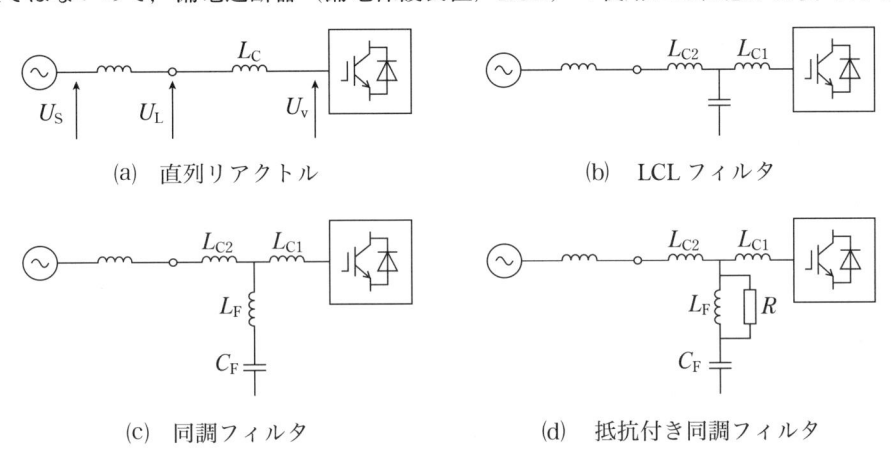

(a) 直列リアクトル
(b) LCLフィルタ
(c) 同調フィルタ
(d) 抵抗付き同調フィルタ

解説11 図5　AICのフィルタの例

解説12. AICによる高調波の抑制

解説10では変換器が発生する高調波電圧を検討し，PWMパルス数をpとすれば変調方式にもよるがp次よりも数次低い次数までの高調波は実用上発生しないといえることを示した．アクティブフィルタとして用いるAICとしては高調波を発生しないだけでなく意図的に高調波電流を発生し，ほかの機器から発生する高調波を打消しできなければならない．ここではその点について解説する．

1. 高調波周波数の信号を用いたときの変換器電圧の高調波

高調波を制御するためには，高調波の信号に対してAICが線形で動作できなければならない．解説10に記載した算出式が高調波電圧を信号としたときにも成り立つものと仮定すると，q次の高調波信号を変調率K_qの大きさで加えたとき，次の高調波電圧が発生することになる．位相も信号と同じである．

$$q \text{ 次の高調波電圧　実効値} \ U_q = \frac{K_q}{2\sqrt{2}} U_\mathrm{d}$$

基本波に複数の高調波の信号を重畳したときも，信号として与えた基本波および各次高調波の信号に対して上記式が成立する．このため，高調波を制御できる．

ただし，このほかの次数 $h = mp \pm nq$（$m = 1, 3, 5, \cdots$のとき，$n = 0, 2, 4, \cdots$，$m = 2, 4, 6, \cdots$のとき，

$n = 1, 3, 5, \cdots$)の高調波電圧については,基本波と重畳したときには解説10の式は成り立たない。ほかの次数の高調波が発生することもある。しかし,これらは制御対象の次数よりも十分に高くて離れていれば問題ない。

2. 高調波周波数を発生するために必要なPWMパルス数

AICをアクティブフィルタとして用いるとき,不要な高調波の次数は対象次数よりも十分に高くなければならない。そのためには,対象高調波次数qに対して合成PWMパルス数Pを数倍以上にすることが望ましい。

このことを基本波に高調波周波数の信号が重畳した信号でパルス幅変調を行ったときのパルスパターンのフーリエ解析から検討する。基本波の変調率を$K = 0.8$,対象高調波次数をqとしその高調波信号に対する変調率を$K_q = 0.1$とする。なお,位相は余弦波形でともに0度とした。

(a) ハーフブリッジ　ハーフブリッジの解説12図1の結果では$m = 1$に対して$n = -2$に対応する$h = p - 2q$の次数がわずかに発生している。この高調波まで対象次数範囲に生じないようにすることを考えると,この次数を対象高調波次数qより十分に高くしなければならない。すなわち$p - 2q \gg q$,したがって$p \gg 3q$としなければならない。すなわち,PWMパルス数pは対象高調波次数の3倍よりも十分に大きくしなければならない。これは,ハーフブリッジまたは三相ブリッジの場合に該当する。

$q = 25$とし,PWMパルス数pは,qの3倍より大きな$p = 81$としたときのパルスパターンのフーリエ解析結果を解説12図1に示す。どの次数が発生するかを示すために$K_q = 0.1$に対応する理論高調波電圧に対する高調波比R_{hq}で表し,1.5以下の範囲だけで示した。55, 57次($p - q \pm 1$)の高調波が新たに生じているが25次以下の高調波は無視できる。

31次($p - 2q$)の高調波は小さいので無視できるであろうが,81次前後の不要で大きな高調波をフィルタで抑制するには,さらに大きなpとすることが望ましい。なお,三相ブリッジにすれば線間電圧では81次はなくなる。

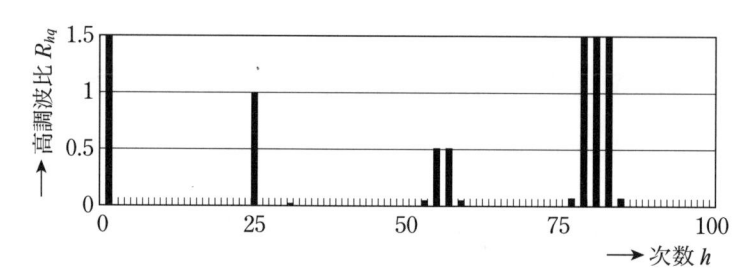

解説12図1　25次高調波信号重畳時のハーフブリッジの高調波 ($p = 81$, $K = 0.8$, $K_{25} = 0.1$)

(b) 単相ブリッジ（2多重相当）　単相ブリッジの場合は,2多重相当になり,$m = 1$の高調波は外部には発生しない。この場合は,$m = 2$に対して$n = -3$での$h = 2p - 3q$の次数を所要高調波次数qより十分に高くするように考えると$p \gg 2q$でなければならない。合成PWMパルス数$p_s = 2p$でいうと$p_s \gg 4q$である。

pをqの2倍よりも大きな$p = 57$としたときのフーリエ解析結果を解説12図2に示す。(a)は,ハーフブリッジに対応している。一部の低次高調波は,レグ間で打ち消しあって外部に出てこない。不要高調波は次数が高くて,かつ,小さく,25次以下の次数の高調波も十分に小さい。交流フィルタなども考慮して総合的に判断する必要がある。

なお,上記のように各レグにはほかの次数の高調波が発生していることに注意を要する。

(c) 単相ブリッジ2台多重（4多重相当）　同様な検討から$p \gg q$,または合成PWMパルス数$p_s = 4p$では,$p_s \gg 4q$とする。pをqよりも大きな$p = 27$としたときのフーリエ解析結果を解説12図3に示す。合成パ

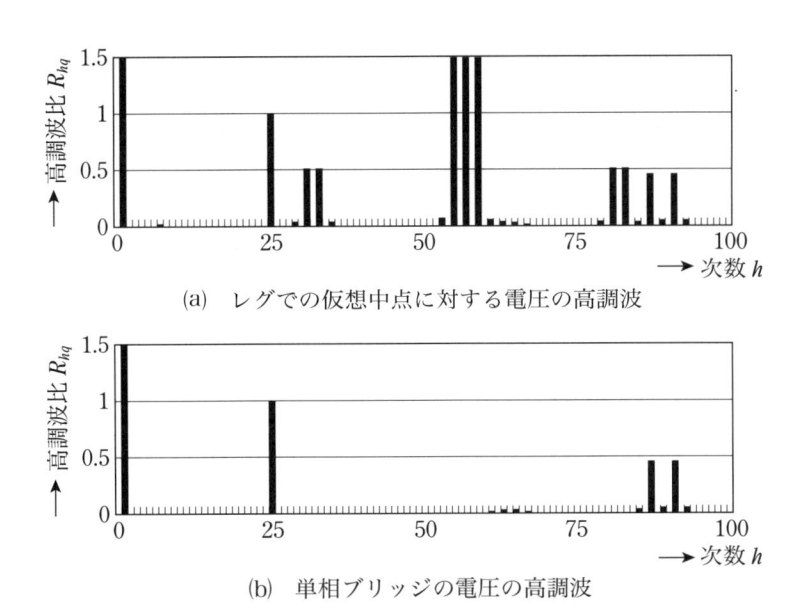

(a) レグでの仮想中点に対する電圧の高調波

(b) 単相ブリッジの電圧の高調波

解説 12 図 2 25 次高調波信号重畳時の単相ブリッジの高調波（$p = 57$, $K = 0.8$, $K_{25} = 0.1$）

ルスパターンでは不要高調波は次数が高くて小さく，25 次以下の次数の高調波は十分に小さい．交流フィルタなども考慮して総合的に判断すればよい．

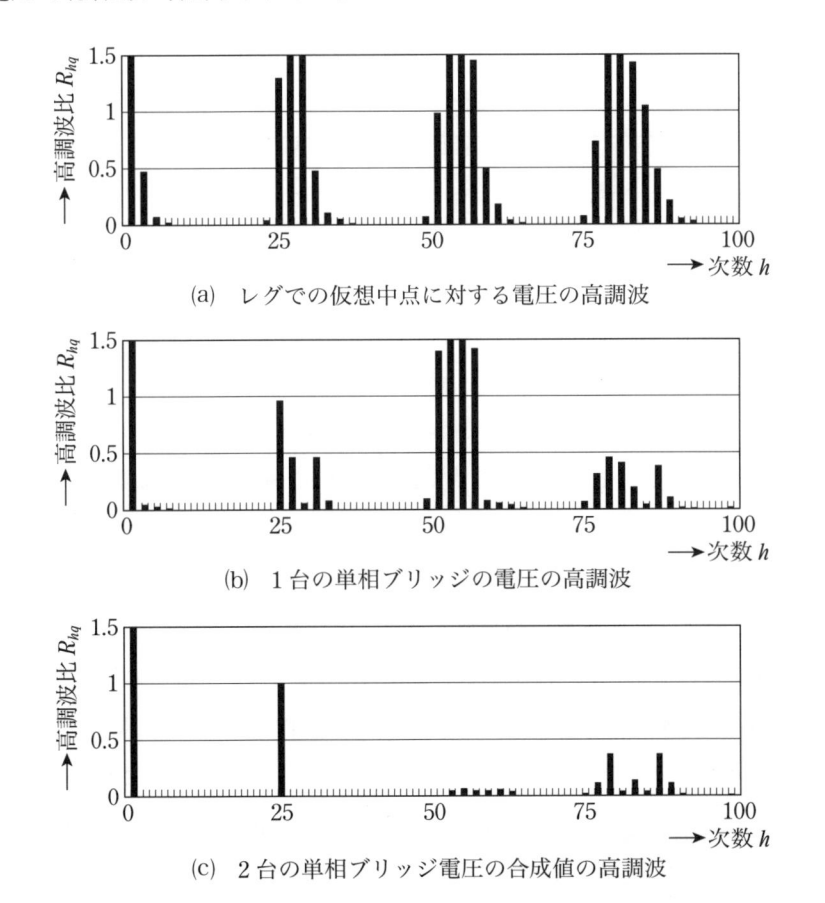

(a) レグでの仮想中点に対する電圧の高調波

(b) 1 台の単相ブリッジの電圧の高調波

(c) 2 台の単相ブリッジ電圧の合成値の高調波

解説 12 図 3 25 次高調波信号重畳時の単相ブリッジ 2 台多重接続での高調波（$p = 27$, $K = 0.8$, $K_{25} = 0.1$）

3. 複数高調波重畳時の検討

実際に適用するには大きな基本波に複数の高調波周波数が重畳したときで考えなければならない．総合的条件での一例として解説 12 図 4 (c) に破線で示す波形の電流の 25 次高調波電流までを抑制することを考える．抑制

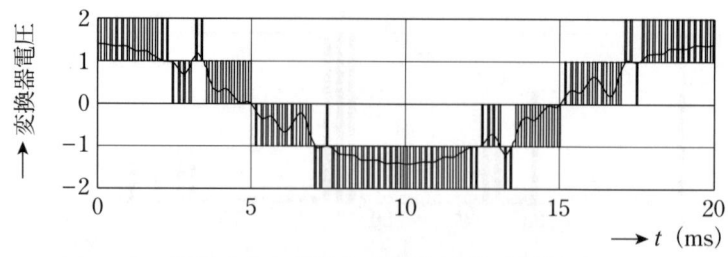

(a) 2台の単相ブリッジ電圧の加算合成値（曲線は信号の2倍値）

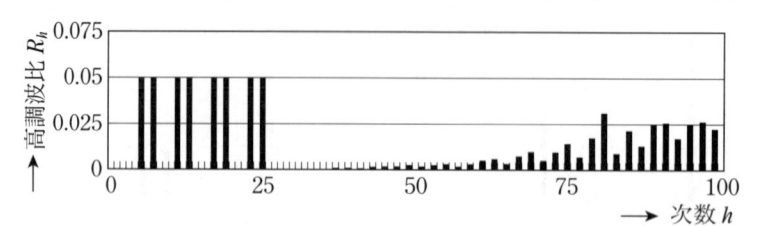

(b) 合成変換器電圧の各次高調波比

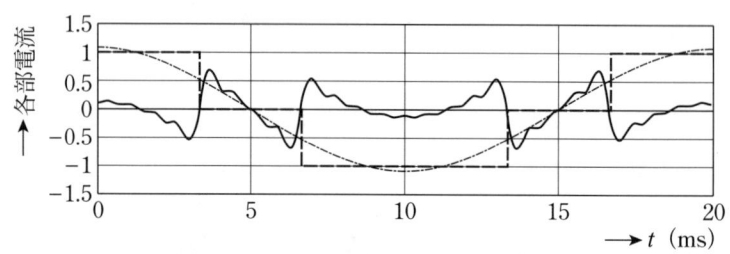

(c) 抑制対象電流（破線。一点鎖線はその基本波）および AIC 出力電流（実線）

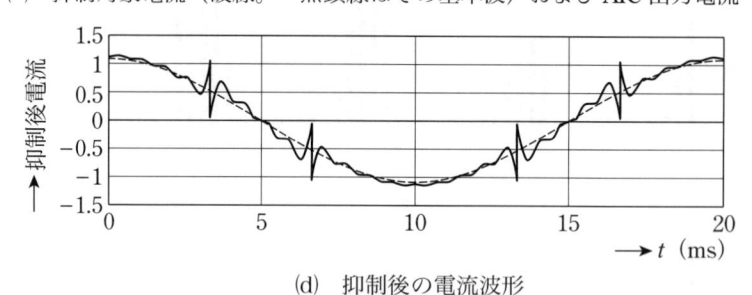

(d) 抑制後の電流波形

解説 12 図 4　高調波電流の抑制例（$p=27$，4 多重相当）

する次数は，5，7，11，13，17，19，23 および 25 次であり，各次（h 次）の高調波電流の大きさは基本波電流を I_1 に対して $I_h = I_1/h$ である。AIC の交流リアクトルのリアクタンス X を基本波の容量をベースとして 5% とする。AIC は，基本波電流が 1 p.u. のときにこれらの高調波電流を逆位相で流すために $U_h = hX \times I_1/h = 0.05$ p.u. の電圧を発生しなければならない。対象波形の高調波成分は，すべて余弦成分である。電圧は，90 度進めるため負の正弦成分となる。5 次，11 次などは位相角が 180 度であるが，各次の高調波電圧は電気角 60 度のときにはすべて同じ極性で電気角 60 度の値 0.05 p.u. × 0.866 となって同位相で加算され，八つの高調波に対する電圧の合計は 0.364 p.u. になる。このため，基本波に対する変調率 K を 0.7 とし，各次は変調率を $0.05 \times 0.7 = 0.035$ として位相を考慮して信号を発生し，これらを加算して PWM を行う。単相ブリッジ 2 台による 4 多重相当として PWM パルス数を $p=27$ としたときの合成出力電圧波形を解説 12 図 4(a)に示す。$U_d = 1$ として 2 台の変換器電圧を加算した。

この電圧波形をフーリエ解析した結果，基本波は，変調率 $K = 0.7$ に対応して振幅がその 2 倍（2 台直列のため）の 1.4 になった。これを除いたほかの次数の高調波の高調波比 R_h（ここでは基本波に対する比）を解説 12 図 4(b)に示す。25 次までの所要の高調波の R_h が所定の値 0.05 となっている。51 次以上の高調波はフィルタで抑制

されるものとして50次までの高調波によって流れる電流を求めた結果を**解説12図4**(c)に，また，抑制対象電流との合成電流を**解説12図4**(d)に示す。当然であるがアクティブフィルタとして所期の動作を行っている。

pを小さくしても25次までの高調波に対してはほぼ所期の動作をしたが，高い次数の周波数領域が下がってくるため，フィルタによる抑制がしにくくなる。このため，合成PWMパルス数を抑制対象次数より数倍以上大きな値とすることが望ましく，詳細は個々に検討する必要がある。

なお，高調波ひずみがAICのパルス周波数およびその整数倍付近で発生する場合，相殺される高調波が相殺されないなどの原因でAICに悪影響が生じることがあり注意することが望ましい。

4. AICのアクティブフィルタとしての利用

AICでは，上記のように指定された周波数範囲内の高調波電流を発生して負荷機器からの高調波電流を補償して抑制することができ，アクティブフィルタとして用いることができる。配電系統の高調波電流を抑制して電圧波形を改善することもできる。配電系統に対して適用した例を**解説12図5**に示す。高調波電流の抑制または補償は，配電系統に存在する各次の高調波電流をフーリエ解析によって分析し，高調波を打ち消す電流を発生させることで実現する（**5.3**参照）。

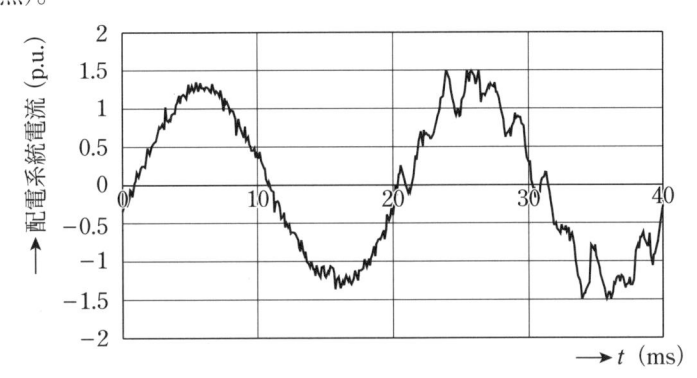

(a) 配電系統電流（アクティブフィルタ 左：動作，右：停止）

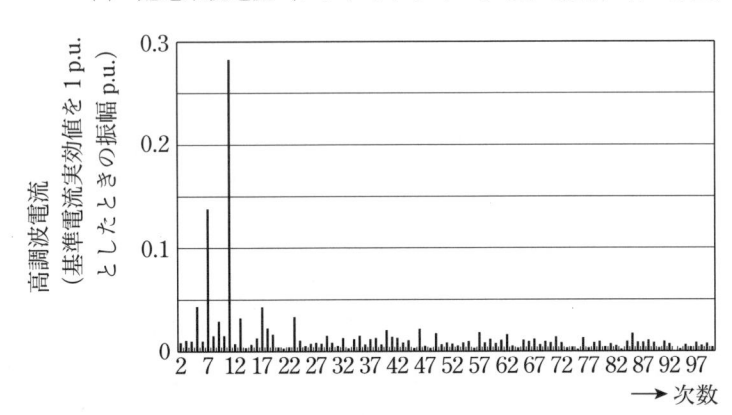

(b) 配電系統の高調波電流（アクティブフィルタ停止時）

解説12図5 配電系統電流のアクティブフィルタによる高調波補償の例

解説13. デッドタイムの影響および補償

1. デッドタイムの影響

電圧形変換器では，レグでの直流短絡を防止するためにデッドタイムをとっている。例えば**解説13図1**に示す2レベルの変換器でC側のアームからD側のアームに転流させるときは，C側の主アームをオフした後，デッドタイムだけ時間をおいてからD側の主アームをオンする。

電流 i_v の向きを電源系統から変換器に流れ込む方向を正として考える。デッドタイムの期間は逆並列ダイオードに通電するので，変換器電圧 u_v は**解説13図1**に示すように，電流が正のときは $+U_d/2$，負のときは $-U_d/2$ となる。このため，パルスパターン（変換器電圧）u_v は，理想的な場合の波形からずれてくる。

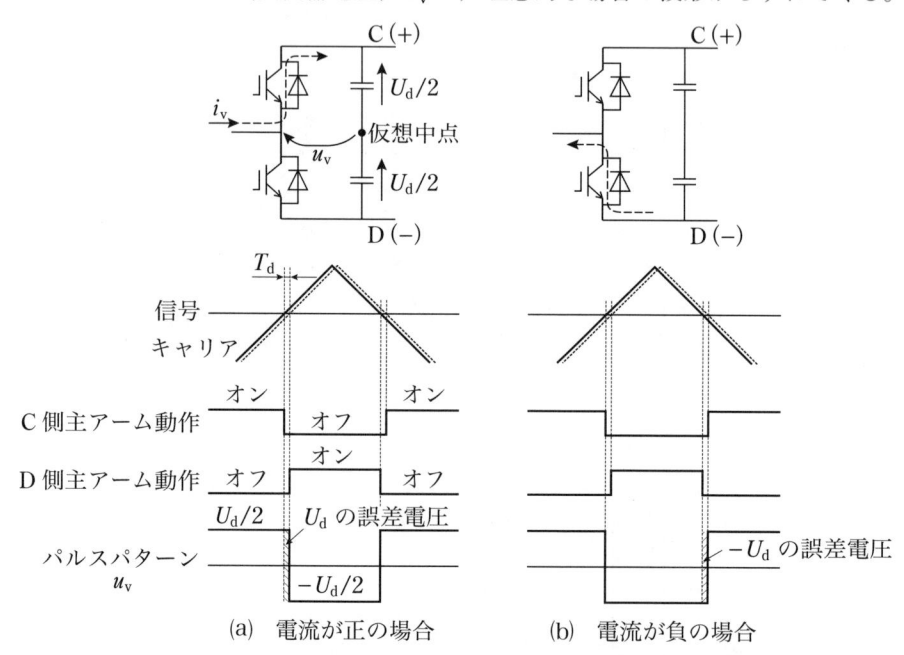

解説13図1　デッドタイムの影響

デッドタイムの影響を定量的に検討してみる。一例として，正規のキャリアとデッドタイム T_d だけ遅れたキャリアとを組み合わせて用いて**解説13図1**に示すようにスイッチングする。正規のキャリアでのパルスパターンを基準とすると，電流が正の場合，C側主アームがオフするときに T_d の期間だけ U_d の大きさの正の誤差電圧を生じ，電流が負の場合はD側主アームがオフするときに負の誤差電圧を生じる。

一例として $U_d = 1$，基本波周波数 $f_1 = 50$ Hz，PWMパルス数 $p = 81$，$T_d = 4$ μs，変調率 $K = 0.9$ とする。電流波形として電圧と同じ位相の正弦波を仮定したとき，**解説13図2**に示す誤差電圧となる。電流が正の期間は概略平均値として $U_d T_d p f_1 = 0.0162$ の大きさの誤差電圧，負の期間は逆の誤差電圧となり，出力電圧に平均値として方形波が重畳する。この方形波の基本波実効値は，$U_{1e} = (2\sqrt{2}/\pi) \times 0.0162 = 0.0146$ となり，デッドタイムがないときの基本波に対して4.6%となる。そのほかに奇数 h に対して，基本波の $1/h$ の大きさの h 次の高調波が生じる。

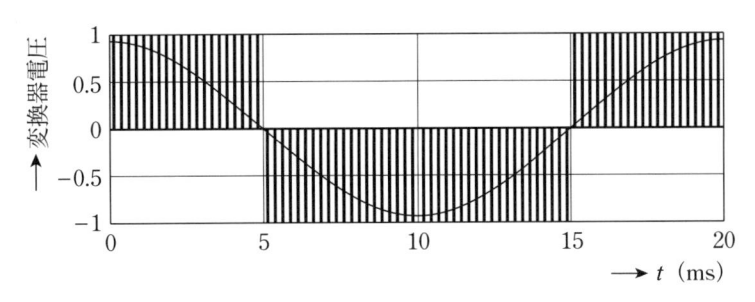

解説13図2　デッドタイムによる誤差電圧の例（$U_d = 1$, $f_1 = 50$ Hz, $p = 81$, $K = 0.9$, 電流位相は電圧と同じ）

　解説13図2の波形をフーリエ級数展開した結果を解説13図3に示す。デッドタイムがないときの基本波を基準とした高調波比 R_h で表している。上記のように4.6%の基本波電圧，および低次の奇数の h 次において，発生した基本波電圧のほぼ $1/h$ 倍の高調波電圧を生じている。この結果，発生した基本波電圧の位相は電流の位相と同じなので，合計の基本波電圧は電流位相に応じて振幅が変わってしまうほか，不要な3次，5次などの高調波を生じてしまう。

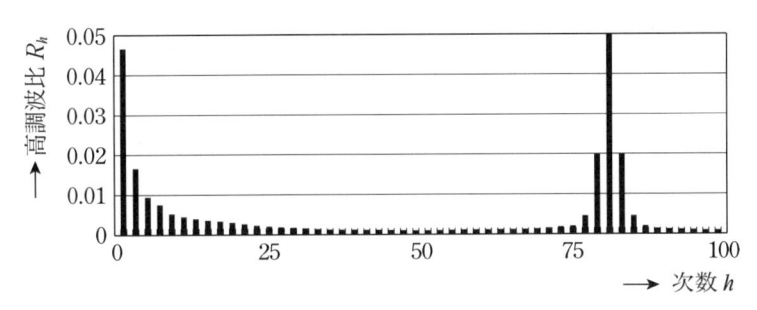

解説13図3　デッドタイムによる誤差電圧の例（$U_d = 1$, $f_1 = 50$ Hz, $p = 81$, $K = 0.9$, 電流位相は電圧と同じ）

2. デッドタイムの補償

　デッドタイムによる上記の悪影響を防止するため種々の補償方法がとられている。もっとも単純な方法の例として，デッドタイムによって生じる方形波電圧を補償する大きさのバイアス信号を電流の向きに応じて逆方向に信号に印加する方法がある。

解説14. 各種補償装置と空間ベクトル

　三相の各種補償装置での補償内容を補償対象機器に流入する交流電流の空間ベクトル i_L で検討する。空間ベクトルは瞬時値であるが，次の式で表される周期波形であるとして考える。

$$i_L = i_{L1} + i_{L2} + i_{Lh} = \sqrt{3}I_{L1}e^{j(\omega t + \phi_{L1})} + \sqrt{3}I_{L2}e^{j(-\omega t + \phi_{L2})} + \sum_{h=2}^{\infty}\left[\sqrt{3}I_{L1h}e^{j(h\omega t + \phi_{L1h})} + \sqrt{3}I_{L2h}e^{j(-h\omega t + \phi_{L2h})}\right]$$

　ここで，i_{L1} は，電源角周波数 ω の正相正弦波電流，i_{L2} は同じ周波数の逆相正弦波電流，I_{Lh} は高調波電流に対応し，I_{L1}, I_{L2}, I_{L1h} および I_{L2h} はそれぞれの実効値（高調波も正相と逆相とに分けた），ϕ_{L1}, ϕ_{L2}, ϕ_{L1h}, ϕ_{L2h} はそれぞれ位相角，h は高調波次数である。これを d-q 座標で表すと次となる。

$$i_L' = \sqrt{3}I_{L1}(\cos\phi_{L1} + j\sin\phi_{L1}) + \sqrt{3}I_{L2}e^{j(-2\omega t + \phi_{L2})} + \sum_{h=2}^{\infty}\left\{\sqrt{3}I_{L1h}e^{j[(h-1)\omega t + \phi_{L1h}]} + \sqrt{3}I_{L2h}e^{j[-(h+1)\omega t + \phi_{L2h}]}\right\}$$

(1) アクティブフィルタ　アクティブフィルタは，α-β座標での

$$i_{Lh} = \sum_{h=2}^{\infty}\left[\sqrt{3}I_{L1h}e^{j(h\omega t+\phi_{L1h})}+\sqrt{3}I_{L2h}e^{j(-h\omega t+\phi_{L2h})}\right]$$

を対象に補償する装置である。補償対象機器（高調波発生機器）に流入する電流からハイパスフィルタ，バンドパスフィルタなどによって対象高調波を検出し，それを補償するように電流を発生すればよい。高調波電流の向きを逆として発生するとして扱うと，それを相殺するように高調波電流を発生することになる。基本波成分を検出し，機器電流からそれを除去した残りを高調波として補償する場合もある。このような場合，またはハイパスフィルタで検出したときは，上記の式には含んでいないが，次数間高調波成分も含めて抑制することになる。また，低次の周波数成分まで抑制すると(4)のフリッカ抑制装置と類似になってくる。

(2) 無効電力補償装置　無効電力補償装置は，補償対象機器（無効電力発生機器）が消費する無効電流$\sqrt{3}I_{L1}\sin\phi_1$を対象に補償する装置である。電流をd-q座標に変換し，そのq軸の直流成分の値をローパスフィルタなどで求めて補償すればよい。

なお，電力系統用のSTATCOMは，通常，特定対象の機器からの無効電力を補償するものではない。一般に系統電圧U_Lの値から補償無効電力を決めて補償する。解説14図1にその例を示す。系統電圧が上昇すると遅れで，低下すると進みで運転し，系統電圧を安定化するように動作する。このとき解説14図1の運転特性の傾きをスロープリアクタンスという。この運転特性は電源系統の特性に応じてさまざまに設定される。

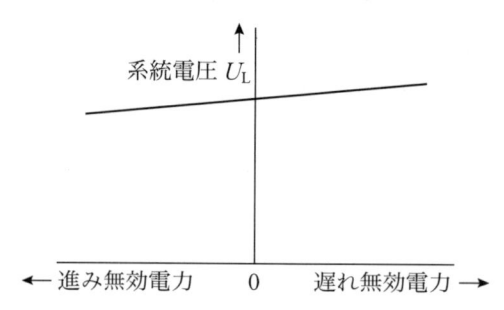

解説14図1　STATCOMの運転特性の例

(3) 不平衡補償装置　不平衡補償装置は，逆相の電流を補償する装置であり，補償対象機器（不平衡機器）に流れる電流をα-β座標で表したときの$i_{L2}=\sqrt{3}I_{L2}e^{-j(\omega t+\phi_{L2})}$を対象に補償する装置である。逆方向に$\omega$の角周波数で回転する$d_2$-$q_2$座標に$i_L$を変換すると，次となる。

$$i_L'' = \sqrt{3}I_{L1}e^{j(2\omega t+\phi_{L1})} + \sqrt{3}I_{L2}(\cos\phi_{L2}+j\sin\phi_{L2}) + \sum_{h=2}^{\infty}\left\{\sqrt{3}I_{L1h}e^{j[(h+1)\omega t+\phi_{L1h}]}+\sqrt{3}I_{L2h}e^{j[-(h-1)\omega t+\phi_{L2h}]}\right\}$$

電流をd_2-q_2座標に変換し，その直流成分の値をローパスフィルタなどで求めて補償すればよい。なお，系統電圧に不平衡があると，逆相の電力が生じる。不平衡補償装置は，直流回路がコンデンサだけであって電力の流れが生じてはならないので，その電力は正相の電力で補償する必要がある。

(4) フリッカ抑制装置　変動する正相の無効電流だけでなく，変動する逆相電流および低次の高調波（分数調波および次数間高調波を含む）もフリッカの原因となる。このため，フリッカ抑制装置は，フリッカの原因となる装置の電流のうちの正相の有効電流以外を補償しなければならない。実際の電流は，上記のような定常電流ではなく，急速に変化する電流であり，高調波で表されるものではなく，瞬時値を対象に補償することになる。低い周波数成分も含まれるので短時間エネルギー蓄積装置の蓄積エネルギーも相対的に大きく

しなければならない。

(5) 電力変動抑制装置　急速に変動する有効電力をほぼ一定の値としたい場合がある。例えば過大なピーク負荷が生じる機器に対して受電容量を所定の値内に抑制する場合である。ごく短時間の変動であればフリッカ抑制装置が抑制機能をもつ。AICの直流側に長時間エネルギー蓄積装置を接続して有効電力の変動を抑制するように制御すれば電力変動抑制装置となる。例が少ないので，この規格では取り上げなかった。電力の充放電のバランスをとって補償しなければならない。

解説15．この規格とIEC/TS 62578との違い

この規格は，緒言に記載したように，IEC/TS 62578の発行に対応してJEC規格として独自に制定したものである。この規格に対応したIEC規格はない。しかし，IEC/TS 62578を基に規定したところもある。ここでは，記載内容の経緯とともに，IEC/TS 62578と対比した違いを解説15表1に示す。

解説15表1　この規格とIEC/TS 62578との主な違い

No.	この規格での箇条	IEC/TS 62578との違い	備　考
1	タイトル	IEC/TS 62578では，タイトルを"Operation conditions and characteristics of active infeed converter applications"としている。この規格では，一部のAIC適用製品についても規定しているが，AICの機能を主体に規定したものであり"能動連系"とした。AICは，JEC-2440（自励半導体電力変換装置）で規定された変換装置の一種であり，また製品としての名称ではないので，それをタイトルとはしなかった。	
2	1. 適用範囲	IEC/TS 62578では，電流形自励変換装置なども含めて規定しているが，この規格では産業用変換装置として広く適用されている電圧形自励変換装置だけとした。 AICを適用した製品であり，ほかに製品規格がない自励無効電力補償装置などがある。IEC/TS 62578ではそれらの製品について特に規定していないが，この規格ではそれらの製品についても規定した。	
3	2. 用語の意味	IEC/TS 62578の3 Terms and definitionsに準じているが，取捨選択し，意味も見直した。制御方式関係の用語などを追加した。	
4	3. 能動連系変換装置の基本特性	IEC/TS 62578の4 General system characteristics of PWM AIC Connected to the power supply systemの4.2および4.3に準じているが，見直している。	
5	4. 能動連系変換装置の構成	IEC/TS 62578の5 Characteristics of a PWM AIC of voltage source type and two level topologyおよび6 Characteristics of a PWM AIC of voltage source type and three level topologyに準じているが，見直している。	
6	5. 各種能動連系変換装置	AICが用いられている製品のうち，製品規格がない自励無効電力補償装置，自励フリッカ抑制装置およびアクティブフィルタを取り上げた。IEC/TS 62578にはない。	
7	6. 使用状態	AICに対して補足的に規定した。IEC/TS 62578にはない。	
8	7. 試験	自励無効電力補償装置などを対象にJEC-2440で規定された試験に追加する試験を規定した。IEC/TS 62578にはない。	
9	8. 表示	自励無効電力補償装置などを対象に表示について規定した。IEC/TS 62578にはない。	

10	附属書	自励無効電力補償装置などを対象に，注文の際に記載することが望ましい事項をまとめた。IEC/TS 62578 にはない。	
11	解説 1	AIC は，実際には広く適用されているがこれまでにない用語であり，どのような変換装置か分かりにくい。このため，AIC の例を説明した。IEC/TS 62578 にはない。	
12	解説 2 〜 解説 4	IEC/TS 62578 では次のように規定しているが，この規格では取り上げなかった変換装置について説明している。 8 Characteristics of a F3E AIC of voltage source type 9 Characteristics of an AIC of voltage source type in pulse chopper topology 10 Characteristics of a two level PWM AIC of current source type 見直したほか，取り上げなかった理由についても説明した。	
13	解説 5	マトリクスコンバータは，AIC 機能をもちうることから，今後の技術発展を期待して解説した。IEC/TS 62578 にはない。	
14	解説 6	IEC/TS 62578 に 7 Characteristics of a PWM AIC of voltage source type and multi-level topology として規定されているが，国内では例が少ないため本文には取り上げなかったフライングキャパシタ方式 4 レベル変換装置を説明した。それとともに，IEC/TS 62578 には規定されていないが，実用化が始まりつつある各種の新しいマルチレベル変換装置を説明した。	
15	解説 7 〜 解説 9	空間ベクトル変調制御など IEC/TS 62578 には名称しか記載されていないパルス制御について解説した。	
16	解説 10	PWM 制御によって電圧形 PWM AIC が発生する高調波電圧を解説した。IEC/TS 62578 にはない。	
17	解説 11	IEC/TS 62578 の箇条 4 の一部について解説した。IEC/TS 62578 の規定内容は不適切と考えられる点があり，独自の検討結果で解説した。	
18	解説 12	AIC によって高調波の制御ができることを解説した。IEC/TS 62578 にはない。	
19	解説 13	電圧形変換器で必要なデッドタイムの影響とその対策を解説した。IEC/TS 62578 にはない。	
20	解説 14	各種補償装置と空間ベクトルとの関係を解説した。IEC/TS 62578 にはない。	
21	解説 15	IEC/TS 62578 との違いを説明したこの解説であり，IEC/TS 62578 にはない。	

Ⓒ電気学会電気規格調査会 2013

電気規格調査会標準規格

JEC-2441-2012
自励変換装置の能動連系

2013年 4 月30日　　　第 1 版第 1 刷発行

編　者　電気学会電気規格調査会

発行者　田　中　　久米四郎

発　行　所

株式会社 電気書院

振替口座　00190-5-18837
東京都千代田区神田神保町1-3 ミヤタビル2階
〒101-0051 電話(03)5259-9160(代表)

落丁・乱丁の場合はお取り替え申し上げます.

〈Printed in Japan〉　　　　　　　　　　　印刷：互恵印刷